Android 面试宝典

黑马程序员　编著

中国铁道出版社
CHINA RAILWAY PUBLISHING HOUSE

内 容 简 介

本书取材于各大 IT 公司的面试真题，所给出的试题尽可能地覆盖了 Android 应用开发的各个方面，并且这些试题都有详细的答案说明，部分试题给出问题扩展，使读者由浅入深地去回答面试中的问题。

本书还介绍了面试的整个流程，即使读者没有面试经历，通过阅读本书也能从众多的求职者中脱颖而出。本书根据面试题的难易程度进行筛选、分类，读者可以有选择地阅读，对自己还没有掌握的 Android 技术进行重点攻破，从而起到事半功倍的效果。

本书对部分答题技巧也做了详细讲解，能帮助求职者快速地复习相关的技能点，也对求职者如何有效求职做了详细解说。本书对于读者从求职就业到提升 Android 技能知识都有显著的帮助。

图书在版编目（CIP）数据

Android面试宝典 / 黑马程序员编著. —北京：
中国铁道出版社，2017.1（2017.6重印）
ISBN 978-7-113-22523-0

Ⅰ．①A… Ⅱ．①黑… Ⅲ．①移动终端－应用
程序－程序设计 Ⅳ．①TN929.53

中国版本图书馆CIP数据核字（2016）第275074号

书　　名：Android 面试宝典
作　　者：黑马程序员　编著

策　　划：翟玉峰　　　　　　　读者热线：(010) 63550836
责任编辑：翟玉峰　冯彩茹
封面设计：黑马程序员
封面制作：白　雪
责任校对：汤淑梅
责任印制：郭向伟

出版发行：中国铁道出版社（100054，北京市西城区右安门西街 8 号）
网　　址：http://www.tdpress.com/51eds/
印　　刷：三河市兴达印务有限公司
版　　次：2017 年 1 月第 1 版　2017 年 6 月第 2 次印刷
开　　本：787 mm×1 092 mm　1/16　印张：9.75　字数：161 千
印　　数：3 001～8 000 册
书　　号：ISBN 978-7-113-22523-0
定　　价：29.80 元

序 言

传智播客和黑马程序员

江苏传智播客教育科技股份有限公司（简称传智播客）是一家专门致力于高素质软件开发人才培养的高科技公司，黑马程序员是传智播客旗下高端 IT 教育品牌。

黑马程序员的学员多为大学毕业后，有理想、想从事 IT 行业，而没有机遇改变自己命运的年轻人。黑马程序员的学员筛选制度，远比现在 90% 以上的企业招聘流程更为严格，这些流程中不仅包括严格的技术测试、自学能力测试，还包括性格测试、压力测试、品德测试等测试。毫不夸张地说，黑马程序员所有学员都是精挑细选出来的。百里挑一的残酷筛选制度确保学员质量，并降低企业的用人风险。

自黑马程序员成立以来，教学研发团队也一直致力于打造精品课程资源，不断在产学研层面创新自己的执教理念与教学方针，并依托黑马程序员的优势力量，针对性地出版了计算机系列教材 30 多册、配套教学视频数十套、发表各类技术文章数百篇。

为何出版本书

随着移动互联网的发展，Android 开发求职者越来越多，作为一名传智播客就业服务部 Android 方向就业指导人员，面对如此激烈的市场竞争，该如何指导学员给面试官留下深刻印象，从众多的求职者中脱颖而出呢？针对这个问题，

2015 年 3 月，传智播客就业服务部提出想要出版一本可以帮助在校学生及 Android 程序员面试的面试宝典。

传智播客·黑马程序员从 2010 年开设 Android 培训课程以来，全国 14 所校区为社会培养了 14 000 余名 Android 技术人才。在这个过程中，传智播客就业服务部就业指导老师根据市场需求和学员面试的反馈搜集了近 6 年来的大部分 Android 经典面试题。如果把这些面试题按照面试流程与难易程度进行系统性的分类、整理，则可以整理出一本经典的面试宝典。当时想到这本书出版后会帮助更多 Android 开发求职者少走弯路，因此在 2015 年 4 月，整个就业服务部就业指导老师都在为这本书忙碌着。

如何在短时间内获得面试官的青睐是所有求职者的一个疑问，而本书则详细回答了这个问题。本书主要搜集了 Android 面试中遇到的经典面试题，并对每道题都编写了较详细的答案说明。除此之外，本书还介绍了面试流程中以及签订合同时需要注意的一些事项。这本书对绝大多数 Android 开发求职者有极大的阅读价值，它能帮助求职者梳理核心技能点，让求职者在面试过程中胸有成竹。

本书的指导作用

（1）利用最短的时间使 Android 开发求职者对看似熟悉、实则陌生的企业环境有比较全面、清晰的认知。本书将在求职者与企业需求之间发挥重要的桥梁纽带作用。

（2）帮助求职者快速补充自身欠缺的谋职、求职、任职等各项实务知识，学以致用，用之有效。

（3）指导求职者在准备面试的过程中需要准备什么，准备到什么程度，有备则无患。

（4）最大限度地避免求职者在职业发展道路上的失误、碰壁、走弯路，让求职者把宝贵的时间用在刀刃上。

（5）可以有效帮助学生节省用于摸索面试经验上的时间。

（6）促使求职者成为企业乐于接纳、培养的实用性人才。

本书的指导宗旨

本书将以"指导面试，智取 Offer"为宗旨，为广大 Android 开发求职者扫清面试道路上的障碍，成为面试官眼中的精英，朋友圈里的大神。在面试场上"胸有成竹"，坦然面对每个面试官的"拷问"，做到进可攻"项目经理、项目总监"等高级职务，视之为翘首可及；退可守"Android 工程师、Android 测试工程师"等职务，视之为探囊取物。无论进退，皆可立于不败之地。

附言

所有准备面试或正在面试的求职者一定要清楚：不是工作难找，而是大家没有为找工作做好充分准备，一到关键时刻，就叹息"书到用时方恨少"。企业用人向来是宁缺毋滥，它绝不会聘用不合格的人。所谓知己知彼，百战不殆；大家一定要懂得不打无准备之仗的道理。因此，准备面试或正在面试的求职者自身不能做到未雨绸缪、运筹帷幄是非常不可取的，也是极不明智的。不能先发制人，结果只能是后发制于人，为何还怨天尤人？

黑马程序员 就业服务部

2016 年 8 月

前　言

随着移动互联网的发展，Android 开发工程师的需求缺口越来越大。作为一名对面试流程与面试题非常生疏的技术人员，面对如此激烈的竞争，该如何给面试官留下深刻印象，从众多的求职者中脱颖而出呢？针对这个问题我们搜集了市面上大部分公司的面试题并进行了整理，从而总结出一本经典的面试宝典来供面试者参考。

如何使用本书

本书是一本 Android 面试宝典，全书搜录了 90 余道经典的面试题，其中包含 Java 基础面试题和 Android 经典面试题。在使用本书时，建议从头开始循序渐进地阅读，并且反复研究和理解每道题的知识点，熟知面试官要考察的核心内容，做到轻松应对面试。

根据常见的面试流程与面试题的难易程度，将本书分为 4 章，分别为面试准备、Java 基础、Android 菜鸟、Android 大神。下面针对每章内容进行简单介绍：

（1）第 1 章面试准备，主要是让面试者了解面试流程、简历制作、简历投递、面试过程、合同签订等信息。其中面试流程是什么样的？如何制作简历来吸引人力资源的眼球？何时投递简历容易被公司看到？面试成功后，在签订合同时需要注意什么？通过对这些问题的学习，面试者可以掌握一些面试技巧，并提高面试成功率。

（2）第 2 章 Java 基础，主要是让面试者对 Java 基础的面向对象、集合框架、I/O 流、多线程、Java 数据结构、设计模式等热点问题进行详细探究。通过对本章的学习，面试者可以轻松应对 Android 面试中所遇到的 Java 基础面试题。

（3）第 3 章 Android 菜鸟，主要针对一些要求相对较低的 Android 面试者，本章主要是对 Android 系统架构、新特性、四大组件、Fragment、常用控件、数据处理、网络交互等热点问题进行详细探究。通过对本章的学习，面试者可以轻松应对 Android 面试中遇到的一些较基础的 Android 面试题。

（4）第 4 章 Android 大神，主要针对一些对薪资要求较高的面试者，本章主要是对线程、多媒体、机制、优化、JNI、异常、第三方框架、屏幕适配、程序打包等热点问题进行详细探究。通过对本章的学习，面试者可以在面试中应对相对有深度的 Android 面试题。

以上各章中，第 1 章主要是让面试者了解面试过程中需要注意的一些事项，其中虽然不涉及技术问题，但其中的细节也是大家在面试过程中必须要注意的。第 2 章主要是针对 Java 基础中常见的面试题的总结，要求面试者熟练掌握其中的知识点。第 3~4 章是 Android 面试中的核心部分，根据面试题的难易程度，分为菜鸟和大神两个级别。不同级别的面试者不仅要知道每道面试题要如何回答，还要把其中的知识点理解透彻。

致谢

本书的编写和整理工作由北京传智播客教育科技股份有限公司就业服务部完成，就业服务部全体成员在近一年的编写过程中付出了很多辛勤的汗水，在此表示衷心的感谢。

意见反馈

尽管我们尽了最大努力，但书中难免会有不妥之处，欢迎各界专家和读者朋友们通过电子邮件给予宝贵意见，我们将不胜感激。

请发送电子邮件至：itcast.book@vip.sina.com。

编　者

2016 年 8 月

目 录

目　录

第1章

面试准备

一次面试就相当于一场战役，大家都知道在战场上知己知彼方能百战不殆，同样，在面试的过程中，为了增加面试成功的概率也要尽可能地做到知己知彼，为此，本章将教大家如何进行面试准备，熟悉 IT 行业中的面试流程，以做到胸有成竹有备无患，向成功迈出第一步。

1.1 面试流程

面试流程对于求职者来说是至关重要的一个环节，一个优秀求职者的淡定、从容以及谈笑自如，都源于他对面试流程的熟知。只有洞悉这一切才能让慌乱和尴尬离你远去，下面通过一个图例对面试流程进行展示，如图 1-1 所示。

在图 1-1 中，求职者从投递简历到人力资源面试，再到项目经理面试，每一个环节都显得尤为重要。头脑中有了面试流程图之后，就会对每个环节都非常清楚，在某种程度上来说，这样也能提升个人安全感，缓解紧张情绪。

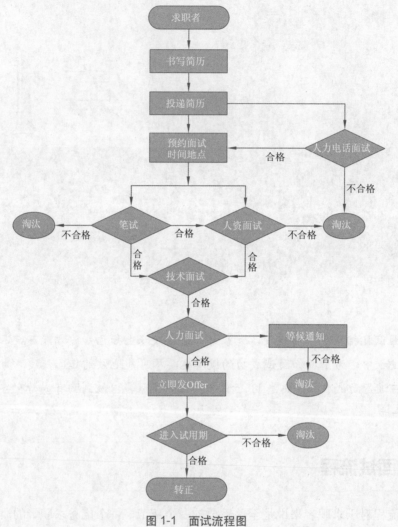

图 1-1　面试流程图

1.2　简历制作

　　在求职的过程中，一份好的简历至关重要，简历和学历一样，都是一块敲门砖，其重要性可想而知。在多年与市场交互的过程中发现大部分简历都有一个共性问题，就是书写过于随意，不够严谨。当人力资源收到这样的简历时，第一感觉是格式混乱，并且内容冲突，印象非常糟糕，这往往就会失去一次良好的面试机会。实际上制作一份好的简历并没有那么难，简历的宗旨就是要做到格式整齐规范，内容简洁明了，突出重点。

1.2.1　简历模板

一份好的求职简历，在结构上通常会包含 6 项内容：个人资料、求职意向、专业技能、工作经历、项目经验、自我评价，其中前 5 项是必不可少的。人力资源在筛选简历时，会进行大致的浏览，所以简历的结构是否清晰，内容是否丰富都非常重要。为此，提供两份标准的简历模板供大家参考。

模板一

个 人 资 料				
姓　名	张星		性　别	男
年　龄	25 岁		籍　贯	北京市海淀区
毕业院校	×××大学		学　历	本科
工作年限	2 年		专　业	计算机科学与技术
电　话	185×××××××		邮　箱	××××××××@163.com
Github	github.com/×××		Blog	blog.×××.com
求 职 意 向				
工作性质	全职		应聘职位	Android 软件工程师
求职地点	北京市		薪资要求	面议
专 业 技 能				
（1）熟练掌握 Android 四大组件的使用；				
（2）熟练使用 Eclipse、Android Studio、SVN/GIT 等 Android 辅助开发工具；				
（3）熟练掌握 MySQL、SQL Server 及 Android 下的 SQLite 数据库操作；				
（4）熟练掌握 Android 下的进程间通信、文件存储方式、手势识别；				
（5）熟悉 Android 下的多媒体应用的开发；				
（6）熟悉第三方开源框架图片处理 Universal-Image-Loader、Glide、Picasso、Fresco 等；				
（7）熟悉网络通信框架 HttpClient、HttpUrlCollection、Volley、OkHttp 等；				

续表

（8）熟悉第三方 SDK，如语音通信、第三方登录、消息推送、百度地图、二维码扫描、第三方分享、第三方支付等；

（9）熟悉 MVC/MVP 架构，熟练使用 Android 常用的设计模式，如观察者模式、单例模式、工厂模式、适配器模式等；

（10）实时关注最新技术，对新控件有一定的了解和掌握，如果项目中有用到的地方，会第一时间适应和实现。

……

工 作 经 历

2014/07—2016/07

公 司	北京传智播客教育科技有限公司
职 位	Android 软件工程师
职 责	应用框架和网络框架的搭建；邂逅模块实现；约伴模块；消息模块
参与项目	驴游

项 目 经 验

2016/03—2016/07

项目一：驴游
开发工具：Android Studio + Android 智能手机
项目描述：
本项目是一个针对驴友开发的 App 产品，在这个生活节奏加快的年代，旅游成为一种时尚，旅途结伴同行，从此不孤单。
项目职责：
（1）应用框架和网络框架的搭建；
（2）邂逅模块的实现；
（3）约伴模块的实现；
（4）消息模块的实现。
技术要点：
（1）自定义控件的使用；
（2）FragmentTabHost 和 Fragment 搭建应用程序框架；
（3）环信即时通信；
（4）ShareSDK 实现分享和登录；

（5）WebView 加载网页数据；

（6）Volley 加载网络数据，实现图片三级缓存。

……

自 我 评 价

（1）自学能力强，踏实勤奋，爱钻研，并且热爱程序员工作，有敬业精神。

（2）做事认真负责，工作积极，有较强的责任感。

（3）求知欲旺盛，对事物有较强的分析能力，敢于接受新的挑战，抗压能力强。

（4）有很强的团队合作能力，善于与人沟通交流。无团队，不成长；无竞争，不创新；无挑战，不激情。喜欢挑战高难度的项目。

模板二

李芸 女 | 未婚 | 25 岁 | 本科 | 2 年 | CET6

现居住地：北京海淀区

手机：138000022××

邮箱：8000022××@qq.com

工作经历

2014/07—2016/07 北京传智播客教育科技有限公司|研发部|Android 工程师

（1）参与公司产品功能讨论；

（2）负责客户端开发周期制定；

（3）负责与服务器端沟通接口制定；

（4）负责产品功能逻辑的实现和优化。

专业技能

（1）熟练掌握 Android 平台下数据的存储与解析，数据库操作；

（2）熟悉 Android 组件，以及实现自定义 View 机制；

（3）熟悉 ListView 优化机制；

（4）熟悉 Android 下的动画操作；

（5）熟悉 Android 平台网络编程，HTTP 协议，XML/JSON 格式的数据解析；

（6）熟悉 Android 常见布局优化和内存优化；

（7）熟悉 Android 的 Handler 机制和 AIDL 进程间通信；

（8）熟悉 Android 开发的适配；

（9）熟悉 Android NDK 开发流程；

（10）具备良好的开发习惯，一心追求流畅顺滑的 UI 体验。

……

续表

项目经验

公司名称：北京传智播客教育科技有限公司

项目名称：驴游

开发工具：Android Studio + Android 智能手机

项目描述：本项目是一个针对驴友开发的 APP 产品，在这个生活节奏加快的年代，旅游成为一种时尚，旅途结伴同行，从此不孤单。

项目职责：

(1) 应用框架和网络框架的搭建；

(2) 邂逅模块的实现；

(3) 约伴模块的实现；

(4) 消息模块的实现。

技术要点：

(1) 自定义控件的使用；

(2) FragmentTabHost 和 Fragment 搭建应用程序框架；

(3) 环信即时通信；

(4) ShareSDK 实现分享和登录；

(5) WebView 加载网页数据；

(6) Volley 加载网络数据，实现图片三级缓存。

……

教育背景

2010/09 – 2014/07　　　×××大学 计算机科学与技术 本科

自我评价

(1) 良好的学习能力和适应能力。

(2) 良好的团队协作意识，在项目进程中能进行有效地沟通，解决问题。

(3) 抗压能力强，热爱新技术。

1.2.2　模板解析

知道标准简历的结构之后，简历中的内容应该如何写呢？下面针对简历模板进行详细分析，让大家知其然更知其所以然，并能书写一份漂亮的简历。

1. 个人资料

在个人资料的条目中，最重要的几项是求职者的学历、工作年限、在 Github 上的项目以及自己的博客。其中学历能够反应出求职者的受教育程度，某些公司对学历是有一定的要求的，工作年限能够反应出求职者的技术经验是否丰富，Github 上的项目以及自己的博客则反应了求职者对技术的钻研程度，以及是否养成知识的积累或者记录的习惯。

2. 求职意向

在求职意向条目中，基本上就包含 4 个内容：工作性质、应聘职位、求职地点、薪资要求，其中工作性质可以写全职，薪资要求可以写成面议，也可以写成一个范围，薪资其实从侧面也能反应出一个人的能力。

3. 专业技能

在专业技能条目中，描述的就是对常用技能的掌握情况，通常会用到的几个词分别是熟练掌握、掌握、熟悉、了解，后面跟上自己的专业技能即可，专业技能最好写 15 条左右。

需要注意的是，如果具备独立开发的能力，一定在这里说明一下，可以写在第一条也可以写在最后一条，因为企业都喜欢能够独立开发项目的技术人员。

4. 工作经历

在工作经历条目中，根据自己的工作经历，按照实际情况去写。注意，人力资源在看求职者简历时，一定会留意每份简历中工作时间的长短，他们会根据这些信息考虑求职者的稳定性以及给公司带来的风险，因此求职者最好回避这些不利因素。

5. 项目经验

在项目经验条目中，可以将自己在公司里参与过的所有项目都写上，而且项目经验越丰富越好。项目经验必须包含项目名称、开发周期、项目职责、项目描述、技术要点等，这些信息可以让面试官对求职者的项目经验有初步的了解。

6. 自我评价

在自我评价条目中，主要就是展示一下自己的性格特点、工作情况、学习能力、团队意识以及挑战精神等，实际上就是叙述自己的优点。此条目在简历中可有可无，视情况而定。

1.3　简历投递

在投递简历时，可以选择比较知名的招聘网站，如智联招聘、拉勾网、猎聘网、BOSS 直聘、51Job 等。若是刚开始找工作，则建议在各大招聘网上海投，当然也可以根据自己的意愿选择心仪的公司投递。简历的投递时间最好选择每天早上 8:00—9:00，因为一般公司的开始上班时间 9:00—10:30，这样确保人力资源第一时间可以看到求职者的简历，增加面试机会。

需要注意的是，在各大招聘网站上投递简历时，都需要按照招聘网站的模板重新填写一份简历，要尽可能将简历模板中的内容填写完整，以保证简历内容的完整度。

1.4 面试过程

1.4.1 笔试测试

笔试的过程是比较重要的，只有通过笔试的求职者才能进入面试的环节，尤其是大公司，笔试成绩甚至能直接决定你的入职情况。所以在答笔试题目时，一定要认真对待，答题要有条理，字体要工整，卷面整洁，这样别人才可能满意。

1.4.2 上机测试

在面试过程中，有些公司会要求求职者进行上机测试，其实这样做的目的是考察求职者的编程能力，此时千万不要慌，更不能产生抵触心理，应做到让别人看起来你是以非常自然的状态去上机，同时，要大胆地把自己的思路用代码的形式展现出来。更不要怀疑自己，此时此刻要告诉自己：你就是全公司最懂 Android 的人，你书写的代码绝对不会出错，在这个公司里没人比你更懂 Android！

1.4.3 电话面试

电话面试的原因一般是投递到该公司的简历比较多，由人力资源做一个初步的筛选，此时人力资源主要问一些简单的技术问题和求职者个人的情况，在回答人力资源的问题时，建议求职者的回答要全面、逻辑清晰、表达流畅、有条理。这样才能给人力资源留下好的印象，为进一步的面试打下基础。

1.4.4 正式面试

在正式面试的过程中，通常先由人力资源面试然后再由技术面试，人力资源面试时通常考察的是求职者的综合素质以及职业素养，初步衡量求职者是否符合公司的用人标准。技术面试是单纯地考察求职者的工作经验以及技术能力，以衡量求职者是否可以胜任当前的工作。这两个环节是面试过程中必不可少的，也是非常重要的，下面针对面试过程中的常见问题进行简要分析。

1. 人力资源面试

求职者在与人力资源交流的过程中，尽量不要紧张，要以一颗平常心去对待，一定要注意面试过程中的礼貌与细节。因为人力资源善于察言观色，一个微不足道的细节都有可能导致整个面试失败，为了让求职者更好地应对人力资源，下面列举几个人力资源常问的问题：

（1）请问你为什么离职？

提示：回答这个问题时一定要小心，即使在前一个工作中受到很大的委屈或者对公司有很多怨言，尤其是对公司项日主管的不满，都不要表现出来，以免给面试官留下不好的印象。建议此时的回答方向是从自身出发，例如，觉得工作没有学习发展的空间，自己想在公司的相关产业中多加学习，或者前一份工作与自己的职业生涯不符等，回答最好是积极正面的。

（2）请问你对跳槽有什么看法？

提示：每一个公司都不喜欢经常跳槽的员工，因为过于频繁的跳槽是对自己技术和信心的一种打击，不利于自己的发展，同时也不利于一个公司的发展，毕竟公司培养一个人不容易。但是正常的跳槽有利于人才的流动。这个问题主要是考察你是否是经常跳槽的人。

（3）请问你对公司加班有什么看法？

提示：这个回答有两种。第一种：加班我可以接受；第二种：上班时提高自己的工作效率，减少不必要的加班。然后陈述加班的原因及工作效率。例如，软件这一行加班是比较正常的，因为项目要上线时，可能会出现临时的需求更改以及未预测到的 Bug，同时加班有时也可以丰富自己的阅历，提高自己的能力。但是工作完成后，不合理的频繁加班会让员工心里有意见。

（4）请问你上一份工作的薪资是多少，现在的期望薪资是多少？

提示：首先需要说出上一份工作的具体薪资，然后说出期望薪资，如果人力资源想压低薪资，那么我们可以先询问公司的福利待遇，如公积金缴纳情况、试用期几个月、一年十几薪等，看是否可以通过福利来平衡薪资。

（5）你还有什么问题要问吗？

提示：企业的这个问题看上去可有可无，其实很关键，企业不喜欢说"没问题"的人，因为企业很注重员工的个性和创新能力。如果求职者问以下问题，如贵公司对新入职的员工有没有什么培训项目，我可以参加吗？或者说贵公司的晋升机制是什么样的？企业很喜欢这样的求职者，这些体现出你对学习的热情、对公司的忠诚度以及你的上进心。

（6）你对我们公司有什么了解？

提示：在每次去面试时，最好提前查询该公司的相关资讯，如开发过的 App 和公司的发展前景。公司的规模和以后的发展打算也可以泛泛地陈述一下。如果没有时间去查，就直接说"很抱歉，我还不太清楚贵公司的业务（但是不到万不得已时不要这样说）"。

（7）你能给公司带来什么？

提示：人力资源问这个问题就是要你说出自己的价值。建议从技术和性格两个方面进行描述，技术方面：来到贵公司，能在技术方面提高团队的工作效率，从而给公司产生效益；性格方面：能给同事带来欢乐，让大家能开心地工作。

2. 技术面试

在技术面试的过程中，尽量采取主动出击，让面试官跟着自己的思路走，这样不仅可以完美地展示自己的优势，还可以防止被面试官问倒。接下来列举几个技术面试中需要注意的问题。

（1）在回答问题之前，建议先换位思考，想一下面试官想要考察哪些内容，想要得到什么样的答案，这样才能直击要害，并且在回答问题时要自信，说话要大声有力，不要吞吞吐吐犹豫不决，更不要说"好像""可能""差不多"之类的不确定词汇，是就是，不是就不是。

（2）当面试官问一个问题时，我们不仅要回答当前问题，最好还要将相关问题也一并回答，具有发散思维，这个过程中要观察面试官的表情，根据面试官感兴趣的程度来决定是否要继续说下去。例如，面试官让你说一下 Activity 的生命周期，那你可以回答 Activity 生命周期中包含 7 个方法，然后还可以说在项目中哪些地方用到过。

（3）当遇到不会的问题时，不要慌，回想一下和上一个问题是否具有关联性，一般不会无缘无故出现一个高难度问题。如果与上一个问题没有关联，则仔细回想一下自己是否学过，有没有接触过类似的技术或者效果，如果有就尽量说，如果没有，就和面试官讲一下自己的理解思路。

需要注意的是，面试过程中，一定要冷静，不要紧张，就像朋友聊天一样，如果紧张，则建议多做几个深呼吸。在回答问题时一定要学会察言观色，如果面试官对你所阐述的问题明显不感兴趣，则要立刻停止，将话语权交给面试官；如果面试官对你阐述的问题很感兴趣，也不要得意忘形，要掌握好分寸，给人一种自信之余还很谦虚的感觉。

1.4.5　面试礼仪

在面试过程中，一定少不了面试礼仪。在同等条件下，能否在面试中脱颖而出就成为受聘者的决定条件。因此，面试过程中的出色表现是非常重要的，而面试中的礼仪则是面试官考察面试者的主要细节之一。下面针对面试礼仪中重要的两点进行详细分析。

1. 着装

求职者的着装尽量选择正式一点，对于男生来说尽管不要求所有人都穿西装，但最好选择偏职业的服装或者沉稳色系的服装，除了款式要正式，还要注意服饰的整洁、清爽。如果面试官看到面试者的衣服上满布皱褶、鞋子上也满是灰尘，印象会大打折扣，觉得这是一个很随性而且不注重细节的人。

相比之下，女生的服装比较灵活，可以穿偏职业的套装，也可以突出个人气质，强调个人魅力，但要注意搭配合理，尽量给人稳重、自信、大方、干练的信任感。并且女生最好画一点淡妆，更显亮丽。

2. 礼貌

面试过程中，相当于面试官在选择与自己共事的同事，通常大家都喜欢有礼貌的人，因此在面试过程中礼貌显得尤为重要。

（1）在等候面试时，尽量不要大声喧哗、东张西望、走来走去，最好安安静静地坐在椅子上做好面试准备，等待面试。因为面试当天可能不止一个求职者，此时就会明显体现出个人的职业素养。

（2）在未被通知进入接待室之前，不要擅自进入。在被通知进入接待室之前，无论门是否关闭都应轻轻敲门，得到允许后方可进入，之后轻轻关上门。如果在接待室等待面试官，则当面试官进入接待室时，要起身示意。

（3）面对面试官时，要自然地微笑并主动问好（"你们好""大家好"），在面试官说请坐之后先说谢谢然后再坐，坐姿要优雅且保持自信。如果有多位面试官在场时，你的眼神应该顾及到所有人，以示尊重。

（4）在面试的过程中，要全神贯注，认真听面试官的每一个问题，关注面试官的表情，不时地与面试官互动，如适当的点头。在答题时，不要故弄玄虚，即使遇到不会的问题也不要惊慌失措，可以找一些相关的话题作为切入点。而且在这个过程中，可能会收到面试官的名片，此时应该双手接过来，并认真看一眼以熟悉对方的职衔，然后将名片拿在手中，最后告辞前，将名片放入上衣兜。

（5）面试结束时，要起身向面试官表示谢意，不要随意移动座椅，出门前再次正式地对面试官说声谢谢，并说再见。

1.5 合同签订

1.5.1 签约

劳动合同是确定用人单位与劳动者之间劳动关系的法律文书，是保证双方合法权益的法律凭证，是处理双方劳动争议的法律依据。因此，入职任何一家公司都要签订劳动合同。在签订劳动合同时，还要注意很多问题，接下来就针对签订劳动合同中的问题进行说明。

1. 试用期

我国《劳动合同法》第十九条 劳动合同期限 3 个月以上不满 1 年的，试用期不得超过 1 个月；劳动合同期限 1 年以上不满 3 年的，试用期不得超过 2 个月；3 年以上固定期限和无固定期限的劳动合同，试用期不得超过 6 个月。同一用人单位与同一劳动者只能约定一次试用期。以完成一定工作任务为期限的劳动合同或者劳动合同期限不满 3 个月的，不得约定试用期。试用期包含在劳动合同期限内。劳动合同仅约定试用期的，试用期不成立，该期限为劳动合同期限。

2. 工作薪酬

试用期工资和转正工资一定要在合同中声明。一般来说，试用期工资为转正工资的 80%，并且企业无权随意更改试用期工资。有些公司为了避税，在合同上写的工资会低于实际工资，或者写成基本工资（即所在城市的最低标准），这样是违法的，一旦产生合同纠纷，那么赔偿也是按照合同上的工资来赔偿，不利于保护员工的自身利益。

3. 五险一金

五险一金中的五险实际上指的就是社会保险（简称社保），按照社保法的规定，社保包括基本养老保险、基本医疗保险、工伤保险、失业保险、生育保险（也就是通常所说的五险）。国家建立社会保险制度，以保障公民在年老、疾病、工伤、失业、生育等情况下依法从国家和社会获得物质帮助的权利。

有些企业以"不办社保可以多领工资"的说法，来误导劳动者主动选择放弃社保。在此，提醒求职者对于社保问题要有长远的考虑，工作时间越长这个问题就越大，它涉及养老、工伤以及一些意外情况。若出现工伤，最快速的解决方式是通过劳动者购买的社会保险走工伤保险补助的绿色通道救死扶伤。因而，有了社保就等于有了第一道保障。

一金指的就是住房公积金，住房公积金是指国家机关、国有企业、城镇集体企业、外商投资企业、城镇私营企业及其他城镇企业、事业单位、民办非企业单位、社会团体及其在职职工缴存的长期住房储金。

五险一金在不同地区的缴存比例也是不同的，接下来展示一下2016年北京地区五险一金缴纳比例最新标准，具体如表1-1所示。

表1-1 2016年7月份北京五险一金缴存比例表

缴费项目	个人部分			单位部分		
	最低基数	最高基数	缴存比例	最低基数	最高基数	缴存比例
养老	2 834	21 258	8%	2834	21 258	19%
医疗	4 252	21 258	2%+3	4252	21 258	10%
失业	2 834	21 258	0.2%	2834	21 258	0.8%
工伤	0	0	0	3476	21 258	0.5%
生育	0	0	0	4252	21 258	0.8%
公积金	1 720	21 258	12%	1720	21 258	12%

在表1-1中，五险一金的缴存是分个人部分和单位部分，也就是说五险一金是双方共同承担的，不过相比之下单位缴纳的五险一金比例是更高的，个人缴纳的只是一小部分。例如，张三每个月收入为5000元，则个人应需缴纳的养老保险为5000×8%=400元，而公司需要为张三缴纳的养老保险为5000×19%=950元，依此类推即可计算出每一项所缴纳的费用。

4. 保密协议

在与用人单位签订劳动合同的同时，个别公司也会要求劳动者签署一份保密协议。保密协议一般包括保密内容、责任主体、保密期限、保密义务及违约责任等条款。根据我国《劳动合同法》第二十三条、第二十四条，用人单位与劳动者可以在劳动合同中约定保守用人单位的商业秘密和与知识产权相关的保密事项。对负有保密义务的劳动者，用人单位可以在劳动合同或者保密协议中与劳动者约定竞业限制条款，并约定在解除劳动合同或者终止劳动合同后，在竞业限制期限内按月给予劳动者经济补偿。劳动者违反竞业限制约定的，应当按照约定向用人单位支付违约金。

竞业限制的人员限于用人单位的高级管理人员、高级技术人员和其他负有保密义务的人员。竞业限制的范围、地域、期限由用人单位与劳动者约定，竞业限制的约定不得违反法律、法规的规定。在解除或者终止劳动合同后，签订竞业协议的人员到与本单位生产或者经营同类产品、从事同类业务的有竞争关系的其他用人单位，或者自己开业生产或者经营同类产品、从事同类业务的竞业限制期限，不得超过二年。

5. 合同存档

劳动合同一式两份，在劳动者签署合同与公司盖章后劳动者本人和用人单位各持一份。劳动者一定要保管好劳动合同，因为劳动合同是发生劳动纠纷时，双方可出具的最有效、最直接的法律凭证。

在办理工伤案件时，因劳动者手头没有劳动合同，遭到用人单位拒绝赔偿的案例不在少数。甚至个别企业在合同签订后把两份合同全部收走，当发生争议时，劳动者手里没有合同，用人单位可以不承认此人在该公司任职。此外，即使有劳动合同，最好也要保存好能够证明劳动关系的证据，如工资条、入职面试字条、工作证件等，以备不时之需。

6. 注意事项

一定不要签空白合同，所谓的空白合同，是指企业应付检查拿出空白合同，先让劳动者签字，走一个过场，而劳动者又不注重劳动合同，甚至有的合同都没有盖章。一旦发生劳动纠纷，这类合同是无法律效益的，劳动者的维权成本也会变得更高。

另外，还有一些合同是不合法的，例如，女职工不得结婚生育、因工负伤的"工伤自理"、要求劳动者签订生死契约等，这些条款在法律上是无效的，劳动者可以拒签。

1.5.2 解约

每位求职者在入职任何一家公司后，无论工作多久都可能出现主动离职的情况，这就避免不了要和当前公司解除劳动合同关系办理离职手续，因此，求职者还是很有必要了解下如何与用人单位解除合约。

根据我国《劳动合同法》第三十七条规定，劳动者解除劳动合同，应当提前 30 日以书面形式通知用人单位。劳动者提前 30 日以书面形式通知用人单位，解除劳动合同，无须征得用人单位的同意。超过 30 日，劳动者向用人单位提出办理解除劳动合同的手续，用人单位应予以办理。这是我国《劳动合同法》赋予劳动者自主选择职业的权利，是劳动者的一项基本权利，通常称为辞职权。劳动者行使辞职权时，只要提前 30 天书面通知用人单位即可单方解除劳动合同，无须经过用人单位同意，30 天期满劳动合同正式解除。

劳动者行使辞职权时应当注意两点：一是如果劳动合同约定了违约金，或用人单位支付了培训费等，劳动者解除劳动合同应当按约定承担赔偿责任；二是提前通知的日期要符合法律规定，否则用人单位可不同意解除劳动合同。另外注意在这一个月当中做好工作交接，并询问公司当月是否缴纳社保和公积金即可。

需要注意的是，劳动者在与公司正式解除劳动关系之前，仍需要做好本职工作，即使明天不在这里工作了，大家也是曾经一起工作的同事，在这里付出的时间、精力、感情，都是你走过的青春，积累下来的都是人脉，以后在你遇到困难时也许大家都会帮助你，切莫给别人留下一种"认识你还不如不认识你"的想法。

第 **2** 章

Java 基础

Android 开发所用的语言是 Java，如果想做出一个炫酷、功能强大的 App，则需要对 Java 基础有相对较深的认识，本章将针对 Java 基础中的常见技术进行讲解。

2.1 面向对象的热点问题

在每个应用程序中，面向对象无处不在，它不仅仅体现了一种编程思想的革新，而且用非常接近实际领域术语的方法把系统构造成"现实世界"的对象，在面试或工作中对面向对象的理解是求职者必备的基本功。下面针对面向对象的热点问题进行详细讲解。

■ **经典面试 1:** 如何理解面向对象和面向过程?

【答案说明】

面向过程就是分析出解决问题所需要的步骤，然后用函数把这些步骤一步一步实现，使用时依次调用即可。例如，一辆汽车用面向过程的思想去考虑它应该是这样的，如何启动汽车、如何起步、加速、刹车、熄火等操作，而汽车在这里并不是我们所关心的。

面向对象是把构成问题的事务分解成各个对象，建立对象的目的不是为了完成一个步骤，而是为了描述某个事物在整个解决问题的步骤中的行为。例如，一辆汽车用面向对象的思想去实现时会以汽车为对象，汽车的发动机、传动箱、变速箱、刹车等属性是汽车这个对象本身所具有的，做任何操作只要告诉汽车即可。

【答题技巧】

这个问题没有准确答案，面试官主要考察的是面试者对于该问题的理解，因此，面试者在回答这道面试题时应在回答理论后再结合相应的例子来说明。

经典面试2: 面向对象有几大特征?

【答案说明】

面向对象有三大特征，分别是封装、继承和多态。

1. 封装

封装是面向对象编程的核心思想，将对象的属性和行为封装起来，而将对象的属性和行为封装起来的载体就是类，类通常对客户隐藏其实现细节，这就是封装的思想。

2. 继承

当一个类的属性与行为均与现有类相似，属于现有类的一种时，这个类可以定义为现有类的子类。换成相反的角度来看，如果多个类具有相同的属性和行为，我们可以抽取出共性的内容定义成父类，这时再创建相似的类时只要继承父类定义即可。

3. 多态

多态的特征是表现出多种形态，具有多种实现方式。或者多态是具有表现多种形态的能力的特征。或者同一个实现接口，使用不同的实例而执行不同的操作。例如，系统由使用人定义了一个人的对象 Person。然后实际登录系统的有几种情况，一种是系统管理人员，一种是客户，一种是系统的用户。我们在前面只定义一个人来使用系统，而后台又会集体判断使用系统的是什么人，这就是多态。

【答题技巧】

对于这道题来说，面试官主要考察的是面试者对于面向对象的理解，继承和封装这两个概念很好理解，而多态这个概念较抽象，针对抽象的问题要结合具体例子来解释说明，也是回答这类问题较好的方式。

【问题扩展】

扩展：面向对象基本特征架构图如图 2-1 所示。

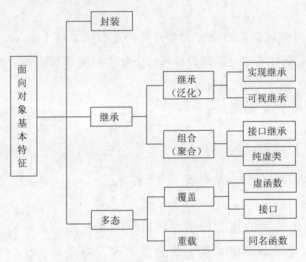

图 2-1　面向对象基本特征

■ **经典面试 3:** 抽象与封装有何区别？

【答案说明】

抽象是从众多的事物中抽取出共同的、本质性的特征，而舍弃其非本质的特征。

封装则是将抽象得到的数据和行为（或功能）相结合，形成一个有机的整体，也就是将数据与操作数据的源代码进行有机的结合，形成"类"，其中数据和函数都是类的成员。

抽象是更通用的术语，它的实现可以由子类完成。例如，List 接口是一种集合抽象，List 的具体实现类有 ArrayList 和 LinkedList 等。如果没有通过封装隐藏其内部状态，抽象也不可能实现，如果一个类暴露其内部状态，它不能在其内部完全掌控改变这个状态，那么这也不是抽象。

封装是作为抽象策略的一部分。封装是对象封装它自己的状态，并对外部将其隐藏，该类以外的其他类必须通过它的方法与状态进行交互（读写），但不能直接访问类的状态。

所以封装的类是抽象了有关其状态的实现细节。

经典面试4: 接口与抽象类有何区别?

【答案说明】

1. 语法层面

（1）抽象类可以提供成员方法的实现细节，而接口中只能存在 public abstract 抽象方法。

（2）抽象类中的成员变量可以是各种类型，而接口中的成员变量必须用 public static final 修饰。

（3）接口中不能含有静态代码块以及静态方法，而抽象类可以有静态代码块和静态方法。

（4）一个类只能继承一个抽象类，而一个类却可以实现多个接口。

2. 设计层面

抽象类往往用来表示在对问题领域进行分析、设计中得出的抽象概念，是对一系列看上去不同，但本质上相同的具体概念的抽象，即对类的抽象，而接口是对行为的抽象。抽象类是对整个类整体进行抽象，包括属性、行为，但是接口却是对类局部（行为）进行抽象。

举个简单的例子，飞机和鸟是不同类的事物，但是它们都有一个共性，就是都会飞。那么在设计时，可以将飞机设计为一个类 Airplane，将鸟设计为一个类 Bird，但是不能将飞行这个特性也设计为类，因此它只是一个行为特性，并不是对一类事物的抽象描述。此时可以将飞行设计为一个接口 Fly，包含方法 fly()，然后 Airplane 和 Bird 分别根据自己的需要实现 Fly 这个接口。然后至于有不同种类的飞机，如战斗机、民用飞机等直接继承 Airplane 即可，对于鸟也是类似的，不同种类的鸟直接继承 Bird 类即可。

从这里可以看出，继承是一个"是不是"的关系，而接口实现则是"有没有"的关系。如果一个类继承了某个抽象类，则子类必定是抽象类的种类，而接口实现则是有没有、具备不具备的关系，如鸟是否能飞（或者是否具备飞行这个特点），能飞行则可以实现这个接口，不能飞行则不能实现这个接口。

提到接口一定会有抽象类的出现，我们在回答时要一方面体现对 Java 语法上的理解，另一方面要体现在项目开发时的合理应用。

2.2 集合框架的热点问题

Collection 在整个 Java 技术体系中充当着至关重要的地位。对于多结果数据完成不同形式的封装，Collection 极大地方便了 Java 对不同数据类型的存储，尤其是相对于数组的优势更加明显。下面针对集合框架的热点问题进行详细讲解。

经典面试 1： ArrayList 与 Vector 有何区别？

ArrayList 的底层实现是基于 Object[]，因此 ArrayList 具有数组的特性，即每个元素都有对应的索引，查询的效率较高。相对于数组，ArrayList 具有容器扩容的特性，也就是自增长机制。但 ArrayList 不是线程安全的，要开发线程安全的 ArrayList 还需要开发人员用代码实现。

Vector 的底层实现也是基于 Object[]，和 ArrayList 相似，Vector 也具有自增长机制。Vector 是线程安全的，所以针对线程安全的开发更多地使用 Vector，但 Vector 的性能较低。

针对此问题，在回答时要先分别回答出每个集合的特性，再针对这些特性进行深入剖析，根据剖析的内容说出两个集合类的区别。

扩展 1：ArrayList 和 Vector 的性能解析

ArrayList 比 Vector 的性能高主要体现在两个方面：

（1）Vector 是多线程安全的，而 ArrayList 不是，这个可以从源码中看出，Vector 类中的方法很多有 synchronized 进行修饰，这样就导致了 Vector 效率低于 ArrayList。

（2）Vector 和 ArrayList 的底层实现也是基于 Object[]，但是当空间不足时，两个类的增加方式是不同的。通常情况下，Vector 增加原来空间的一倍，ArrayList 增加原来空间的 50%。因此，在同等条件下，ArrayList 扩容量小于 Vector，在性能上更高一些。

```
ArrayList{
    …
    private void grow(int minCapacity) {
        …
        // 扩充的空间为原来的50%
        int newCapacity=oldCapacity+(oldCapacity >> 1);
        // 容器扩容不够，将minCapacity设为容器的大小
        if(newCapacity-minCapacity<0);
            newCapacity=minCapacity;
        if(newCapacity-MAX_ARRAY_SIZE>0);
            newCapacity=hugeCapacity(minCapacity);
        //minCapacity is usually close to size,so this is a win:
        elementData=Arrays.copyOf(elementData,newCapacity);
        }
    }
Vector{
    …
    private void grow(int minCapacity) {
        …
        int newCapacity=oldCapacity+((capacityIncrement>0)?
                                    capacityIncrement : oldCapacity);
        if(newCapacity-minCapacity<0)
            newCapacity=minCapacity;
        if(newCapacity-MAX_ARRAY_SIZE>0)
            newCapacity = hugeCapacity(minCapacity);
        elementData=Arrays.copyOf(elementData,newCapacity);
    }
}
```

Vector 是这样扩充容器容量的，如果容量增量初始化的不是 0，即使用的是 public Vector(int initialCapacity,int capacityIncrement) 构造方法进行的初始化，那么扩容的容量是 (oldCapacity+capacityIncrement)，就是原来的容量加上容量增量的值；如果没有设置容量增量，那么扩容后的容量就是 (oldCapacity+oldCapacity)，是原来容量的 2 倍。

ArrayList 扩充的空间增加原来的 50%（即是原来的 1.5 倍），如果容器扩容之后还不够，将 minCapacity 设为容器的大小。

■ 经典面试 2: HashMap 有什么特点？

【答案说明】

HashMap 是基于 Map 接口的实现，存储键值对，即 Key-Value 形式，在开发中经常被用作数据的封装，尤其在和持久层框架结合使用时，应用更多。它还可以接收 Null 的键值，无序且是非同步的，HashMap 的底层存储着 Entry(hash,key,value,next) 对象。

【答题技巧】

作为一位开发人员，都知道 HashMap 的特点，面试官更想知道的是你对 Hash-Map 更深入的理解，所以在回答此问题时，先对 HashMap 的特点进行说明，再针对其特点结合自己的经验说说 HashMap 的使用场景，最后针对这些特性进行简要的工作原理剖析。

【问题扩展】

扩展：HashMap 的工作原理如图 2-2 所示。

HashMap 的底层存储着 Entry(hash,key,value,next) 对象，通过 Hash 算法计算对应 Key 的 hash 值存储对象，将 K/Y 传给 put() 方法时，它调用 hashCode 计算 hash 值，从而得到对应在 Table 中的位置，如果存储的 Key 的 hash 值所对应的 Table 位置已经存在元素，HashMap 通过链表将产生的碰撞冲突的元素组织起来，当冲突的元素超过某个限制（默认是 8），则使用红黑树来替换链表，从而提高速度。

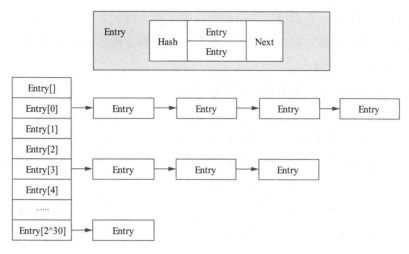

图 2-2　HashMap 的工作原理

2.3　I/O 流的热点问题

在一个具有上传下载功能的项目中，I/O 流是开发者所必备的知识点，在工作或面试中，了解 I/O 流不仅能提升求职者的工作效率而且也会让面试官刮目相看。下面针对 I/O 流的热点问题进行详细讲解。

经典面试 1： I/O 流有哪些常见子类及特点？

【答案说明】

I/O 流常见的子类有很多，以下子类中可以任选两项进行说明即可，具体如下：

1. FileInputStream 和 FileOutputStream

这两个类属于结点流，第一个类的源数据端和第二个类的目的端都是磁盘文件，它们的构造方法允许通过文件的路径名来构造相应的流。要注意的是，构造 FileInputStream，对应的文件必须存在并且是可读的，而构造 FileOutputStream 时，如输出文件已存在，则必须是可覆盖的。

2. PipedInputStream 和 PipedOutputStream

PipedInputStream 的一个实例要和 PipedOutputStream 的一个实例共同使用，共同完成管道的读取写入操作。主要用于线程操作。管道输入流包含一个缓冲区，可在缓冲区限定的范围内将读操作和写操作分离开。如果向连接管道输出流提供数据字节的线程不再存在，则认为该管道已损坏。

3. BufferedInputStream 和 BufferedOutputStream

Buffered 缓冲流主要作用是把数据从原始流成块读入或把数据积累到一个大数据块后再成批写出，通过减少系统资源的读写次数来加快程序的执行，提高数据访问的效率。并且 BufferedOutputstream 类仅在缓冲区满或调用 flush() 方法时才将数据写到目的地。

4. DataInputStream 和 DataOutputStream

这两个类创建的对象分别被称为数据输入流和数据输出流。这是很有用的两个流，它们允许程序按与机器无关的风格读写 Java 数据。所以比较适合于网络上的数据传输。这两个流也是过滤器流，常以其他流如 InputStream 或 OutputStream 作为它们的输入或输出。

5. InputStreamReader 和 OutputStreamWriter

在构造这两个类对应的流时，它们会自动进行转换，将平台缺省的编码集编码的字节转换为 Unicode 字符。对英语环境，其缺省的编码集一般为 ISO8859-1。

【答题技巧】

回答流的相关问题时，要注意 I/O 流的分类及各个种类的区别和作用。还要尽可能多的说出流在实际开发中的封装使用。可以从不同的角度进行分类，然后要对各个流的功能进行分析，最好将各种流的实际应用穿插在功能之间进行详细的描述。注意详略得当，重点放在功能中。

【问题扩展】

扩展 1：I/O 流的框架体系如图 2-3 所示。

图 2-3   I/O 流的框架体系

扩展 2：字节流（输入 / 输出）的框架体系如图 2-4 和图 2-5 所示。

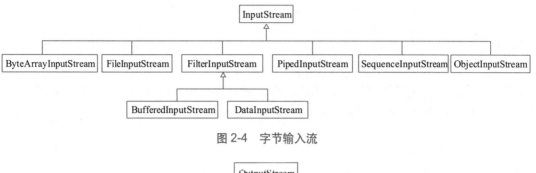

图 2-4　字节输入流

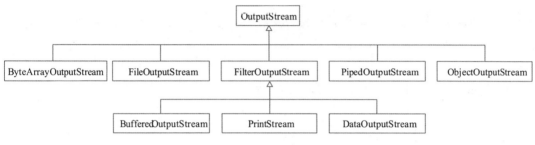

图 2-5　字节输出流

扩展 3：字符流（输入 / 输出）的框架体系如图 2-6 和图 2-7 所示。

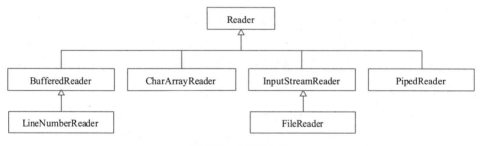

图 2-6　字符输入流

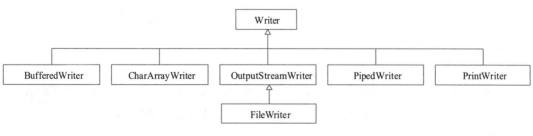

图 2-7　字符输出流

■ **经典面试 2：** NIO 有什么作用？

【答案说明】

在 Java 程序中会用到大量的 I/O 操作，由于传统的 I/O 操作是阻塞式，无法有效地利用 CPU，大大影响了程序性能，为此，我们通常会使用 NIO 来改写以前的 I/O 部分，NIO 是非阻塞式的，可提高程序的性能，提升 CPU 的利用率。

【答题技巧】

回答此问题时，要引用与之相对应的技术点，通过两种技术的对比再结合实际开发经验，说出此技术在开发中的优势。

■ **经典面试 3：** NIO 与 I/O 有哪些区别？

【答案说明】

1．面向流与面向缓冲区

NIO 是面向缓冲区的，数据读取到一个缓冲区，需要时可在缓冲区中前后移动。这就增加了处理过程中的灵活性。但是，还需要检查该缓冲区中是否包含需要处理的数据。

I/O 是面向流的，直至读取所有字节，它们没有被缓存在任何地方。此外，它不能前后移动流中的数据。如果需要前后移动从流中读取的数据，需要先将它缓存到一个缓冲区。

2．阻塞与非阻塞 I/O

NIO 是非阻塞模式的，当一个线程从某通道发送请求读取数据时，它仅能得到目前可用的数据，如果目前没有数据可用，就什么都不做。而不是保持线程阻塞，所以直至数据可以读取之前，该线程可以继续做其他事情。I/O 的各种流是阻塞的。这意味着，当一个线程调用 read() 或 write() 时，该线程被阻塞，直到有一些数据被读取，或数据完全写入。该线程在此期间不能再干任何事情。

3．选择器（selector）

NIO 的选择器允许一个单独的线程来监视多个输入通道，可以注册多个通道使用一个选择器，然后使用一个单独的线程来"选择"通道。I/O 无选择器。

【答题技巧】

此问题需先回答出 NIO 与 I/O 的区别，再结合自己的经验分别进行阐述。

■ 经典面试4: 磁盘 I/O 的工作机制?

【答案说明】

当传入一个文件路径时，会根据这个路径创建一个 File 对象来标识这个文件，然后会根据这个 File 对象创建真正读取文件的操作对象，这时将会真正创建一个关联真实存在的磁盘文件的文件描述符 FileDescriptor，通过这个对象可以直接控制这个磁盘文件。由于需要读取的是字符格式，所以需要 StreamDecoder 类将 byte 解码为 char 格式。

【答题技巧】

其实面试官想问的是 Java 通过 I/O 读取文件的流程，我们以一个文件为出发点，分析文件在操作系统的变化过程，即 I/O 流读取文件并解析的过程。

【问题扩展】

扩展 1: I/O 流读取文件的流程图如图 2-8 所示。

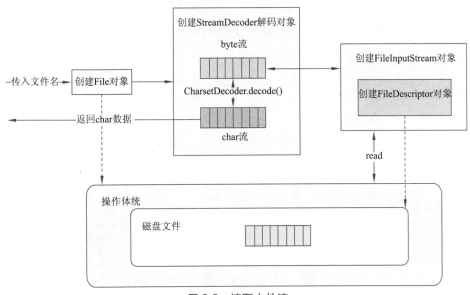

图 2-8 读取文件流

2.4 **多线程的热点问题**

在一个响应流畅、敏捷的程序中，多线程是必不可少的，不仅加快了程序的请求响应速度而且使程序有序执行，作为一位有经验的开发者，对多线程的深入探究可在面试中一展风采。本节将针对多线程的热点问题进行详细讲解。

■ **经典面试 1:** 多线程有几种实现方式?

【答案说明】

多线程（Multithreading）是指从软件或者硬件上实现多个线程并发执行的技术。具有多线程能力的计算机因有硬件支持而能够在同一时间执行多个线程，进而提升整体处理性能。

Java 多线程实现方式主要有三种：继承 Thread 类，实现 Runnable 接口，使用 ExecutorService、Callable、Future 实现有返回结果的多线程。其中前两种方式线程执行完后都没有返回值，只有最后一种是带返回值的。

1. 继承 Thread 类实现多线程

继承 Thread 类实现多线程的方式编写简单，如果需要访问当前线程，只需使用 this 即可，无需使用 Thead.currentThread() 方法。下面以火车售票系统为例，模拟多线程的使用。

```
class MyThread extends Thread{        // 继承 Thread 类，作为线程的实现类
    private int ticket=5 ;            // 表示一共有 5 张票
        public void run(){            // 覆写 run() 方法，作为线程的操作主体
            for(int i=0;i<100;i++){
                if(this.ticket>0){
                    System.out.println(" 卖票: ticket=" + ticket--);
                }
            }
        }
    };
    public class ThreadDemo0{
        public static void main(String args[]){
```

```
        MyThread mt1=new MyThread();        // 实例化对象
        MyThread mt2=new MyThread();        // 实例化对象
        MyThread mt3=new MyThread();        // 实例化对象
        mt1.run();                          // 调用线程主体
        mt2.run();                          // 调用线程主体
        mt3.run();                          // 调用线程主体
    }
  }
}
```

2. 通过 Runnable 接口实现多线程

使用 Runnable 实现多线程可以解决线程类不能被多继承的问题。继承 Thread 类的方法尽管被列为一种多线程实现方式，但 Thread 本质上也是实现了 Runnable 接口的一个实例，它代表一个线程的实例。

3. 使用 ExecutorService、Callable、Future 实现多线程

ExecutorService、Callable、Future 对象实际上都属于 Executor 框架中的功能类。执行 Callable 任务后，可以获取一个 Future 的对象，在该对象上调用 get() 即可获取到 Callable 任务返回的 Object，再结合线程池接口 ExecutorService 即可实现传说中有返回结果的多线程。

【答题技巧】

实现多线程的方式大家都能说一些，而在面试中面试官更想知道的是这些实现方式的区别以及你对这些实现方式的理解，通过这些最基本的知识点来考察面试者对线程的理解。因此在回答问题时要先说出多线程的实现方式有哪些，再分别进行阐述。

■ **经典面试2：** 线程有几种运行状态？

【答案说明】

1. 新建状态

用 new 语句创建的线程对象处于新建状态，此时它和其他 Java 对象一样，仅仅在堆中被分配了内存。

2. 就绪状态

当一个线程创建之后，其他的线程调用了它的 start() 方法，该线程即进入就绪状态。处于这个状态的线程位于可运行池中，等待获得 CPU 的使用权。

3. 运行状态

处于运行状态的线程占用 CPU，执行程序的代码。

4. 阻塞状态

当线程处于阻塞状态时，Java 虚拟机不会给线程分配 CPU，直到线程重新进入就绪状态，它才有机会转到运行状态。

【问题扩展】

扩展：阻塞状态的三种情况。

（1）位于对象等待池中的阻塞状态：当线程运行时，如果执行了某个对象的 wait() 方法，Java 虚拟机就会把线程放到这个对象的等待池中。

（2）位于对象锁中的阻塞状态：当线程处于运行状态时，试图获得某个对象的同步锁时，如果该对象的同步锁已经被其他的线程占用，JVM 就会把这个线程放到这个对象的锁池中。

（3）其他的阻塞状态：当前线程执行了 sleep() 方法，或者调用了其他线程的 join() 方法，或者发出了 I/O 请求时，就会进入这个状态中。

经典面试3: 终止线程有几种方法？

【答案说明】

终止线程的方法有三种，具体如下：

（1）使用退出标志，使线程正常退出，也就是当 run() 方法完成后线程终止。

（2）使用 Thread 的 interrupt() 方法中断线程。

（3）使用 Thread 的 stop() 方法强行终止线程（这个方法不推荐使用，因为 stop() 和 suspend()、resume() 一样，也可能发生不可预料的结果）。

【答题技巧】

在回答此题要理解题意，本题问的是终止线程的方法，不是让线程暂停运行的方法，避免出现答非所问的情况。

经典面试 4: sleep() 方法与 yield() 方法有何区别?

【答案说明】

sleep():让当前正在执行的线程休眠,有一种用法可以代替 yield() 方法,就是 sleep(0)。

yield():暂停当前正在执行的线程对象,并执行其他线程,也就是交出 CPU 使用时间。

sleep() 和 yield() 的区别如下:

(1) sleep() 方法会给其他线程运行的机会,而不考虑其他线程的优先级,因此会给较低线程一个运行的机会;yield() 方法只会给相同优先级或者更高优先级的线程一个运行的机会。

(2) 当线程执行了 sleep(long millis) 方法后,将转到阻塞状态,参数 millis 指定睡眠时间;当线程执行了 yield() 方法后,将转到就绪状态。

(3) sleep() 方法声明抛出 InterruptedException 异常,而 yield() 方法没有声明抛出任何异常。

(4) sleep() 方法比 yield() 方法具有更好的移植性。

【问题扩展】

扩展:sleep() 和 wait() 方法的区别。

sleep() 和 wait() 方法的作用都是停止当前线程,其中 sleep() 是线程类(Thread)的方法,导致此线程暂停执行指定时间,将执行机会让给其他线程,但是监控状态依然保持,到暂停时间后会自动恢复。调用 sleep() 不会释放对象锁。

wait() 是 Object 类的方法,因此该对象调用 wait() 方法会导致本线程放弃对象锁,进入等待此对象的等待锁定池,只有针对此对象发出 notify() 方法(或 notifyAll())后本线程才进入对象锁定池准备获得对象锁进入运行状态。

■ **经典面试 5:** 简述 Synchronized 和 Lock 的异同。

【答案说明】

Synchronized 和 Lock 都可以解决线程安全问题，并且 Lock 能完成 Synchronized 实现的所有功能，不同的是 Sychronized 持有锁资源。Lock 有比 Synchronized 更精确的线程语义和更好的性能，而且 Synchronized 会自动释放锁，而 Lock 一定要求程序员手工释放，并且必须在 finally 从句中释放。Lock 还有更强大的功能，例如，它的 tryLock() 方法可以非阻塞方式去拿锁。

【问题扩展】

扩展：Synchronized 和 Lock 在效率上的区别。

当竞争不是很激烈时，Synchronized 使用的是轻量级锁或者偏向锁，这两种锁都能有效减少轮询或者阻塞的发生，与之相比 Lock 要将未获得锁的线程放入等待队列阻塞，带来上下文切换的开销，此时 Synchronized 效率会更高些。当竞争激烈时，Synchronized 会升级为重量级锁，由于 Synchronized 的出对速度相比 Lock 要慢，所以 Lock 的效率会更高些。一般对于数据结构设计或者框架的设计都倾向于使用 Lock 而非 Synchronized。

2.5 Java 数据结构的热点问题

在一个结构好效率高的程序中，合适的数据结构充当至关重要的角色，因此作为一位有经验的开发者，数据结构是必须要掌握的。下面针对数据结构的热点问题进行详细讲解。

■ **经典面试 1:** 简述你对 Java 堆栈的理解。

【答案说明】

JVM 内存中有两个重要的空间，一种称为栈内存，一种称为堆内存。

在方法中定义的一些基本类型的变量和对象的引用变量都是在函数的栈内存中分配。当在一段代码块中定义一个变量时，Java 就在栈中为这个变量分配内存空间，当超过变量的作用域后，Java 会自动释放掉为该变量分配的内存空间，该内存空间可以立刻被另作他用。

　　堆内存用于存放由 new 创建的对象和数组。在堆中分配的内存，由 Java 虚拟机自动垃圾回收器来管理。在堆中产生了一个数组或者对象后，还可以在栈中定义一个特殊的变量，这个变量的取值等于数组或者对象在堆内存中的首地址，在栈中的这个特殊的变量就变成了数组或者对象的引用变量，以后就可以在程序中使用栈内存中的引用变量来访问堆中的数组或者对象，引用变量相当于为数组或者对象起的一个别名，或者代号。

【答题技巧】

　　堆栈是 JVM 分配的两块内存空间，在整个 JVM 分配的整个内存中占据非常重要的地位，因此对堆栈的内存分配的理解决定了能否开发出高性能的项目，所以在回答此题时要充分说明堆栈的分配原理。

【问题扩展】

　　扩展：用 Java 代码写一个堆栈。

```java
public class Stack {
    int[] data;
    int maxSize;
    int top;
    public Stack(int maxSize) {
        this.maxSize=maxSize;
        data=new int[maxSize];
        top=-1;
    }
    /**
     * 依次加入数据
     * @param data 要加入的数据
     * @return 添加是否成功
     */
    public boolean push(int data) {
        if(top+1==maxSize) {
            System.out.println("栈已满!");
            return false;
```

```
        }
        this.data[++top]=data;
        return true;
    }
    /**
        * 从栈中取出数据
        * @return 取出的数据
        */
    public int pop() throws Exception{
        if(top==-1) {
            throw new Exception("栈已空！");
        }
        return this.data[top--];
    }
    public static void main(String[] args) throws Exception {
        Stack stack=new Stack(1000);
        stack.push(1);
        stack.push(2);
        while(stack.top>=0){
            System.out.println(stack.pop());
        }
    }
}
```

经典面试 2: 简述你对树的理解。

【答案说明】

　　树形结构是一类重要的非线性结构。树形结构是结点之间有分支，并具有层次关系的结构，它非常类似于自然界中的树。树结构在客观世界中是大量存在的，如家谱、行政组织机构都可用树形象地表示。

　　树在计算机领域中也有着广泛的应用，如在编译程序中，用树来表示源程序的语法结构；在数据库系统中，可用树来组织信息；在分析算法的行为时，可用树来描述其执行过程。

■ **经典面试 3:** 如何遍历二叉树？

【答案说明】

二叉树（见图 2-9）的遍历方式有三种，分别为先序、中序、后序，每种又分递归和非递归。

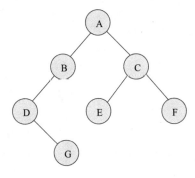

图 2-9　二叉树

1. 先序遍历

先序遍历的遍历顺序为 A-B-D-G-C-E-F。

```java
/**
 * 先序递归遍历
 * @param node
 */
public void PreOrder(Node node) {
    if(node==null) {
        return;
    } else {
        System.out.print(node.getData()+" ");
        PreOrder(node.getLchild());
        PreOrder(node.getRchild());
    }
}
```

2. 中序遍历

中序遍历的遍历顺序为 D-G-B-A-E-C-F。

```
/**
    * 中序递归遍历
    * @param node
    */
public void InOrder(Node node) {
    if(node==null) {
        return;
    } else {
        InOrder(node.getLchild());
        System.out.print(node.getData()+" ");
        InOrder(node.getRchild());
    }
}
```

3. 后序遍历

后序遍历的遍历顺序为 G-D-B-E-F-C-A。

```
/**
  * 后序递归遍历
  * @param node
  */
public void PostOrder(Node node) {
    if(node==null) {
        return;
    } else {
        PostOrder(node.getLchild());
        PostOrder(node.getRchild());
        System.out.print(node.getData()+" ");
    }
}
```

2.6 设计模式的热点问题

　　设计模式在一个优秀的项目中是必不可少的，不仅为开发者提供了观察问题的更高层次的视角，而且使项目在后期更容易修改和维护。该知识点在面试或工作中用到的频次较高，下面的试题会使求职者以沉稳的方式展现自己。

经典面试 1: 简述对单例模式的理解。

 【答案说明】

单例模式有三个特点，具体如下：

（1）单例类只能有一个实例。

（2）单例类必须自己创建自己的唯一实例。

（3）单例类必须给所有其他对象提供这一实例。

单例模式确保某个类只有一个实例，而且自行实例化并向整个系统提供这个实例。在计算机系统中，线程池、缓存、日志对象、对话框、打印机、显卡的驱动程序对象常被设计成单例。这些应用都或多或少的具有资源管理器的功能。每台计算机可以有若干个打印机，但只能有一个 Printer Spooler，以避免两个打印作业同时输出到打印机中。每台计算机可以有若干通信端口，系统应当集中管理这些通信端口，以避免一个通信端口同时被两个请求同时调用。总之，选择单例模式就是为了避免不一致状态。

正是由于这个特点，单例对象通常作为程序中存放配置信息的载体，因为它能保证其他对象读到一致的信息。例如，在某个服务器程序中，该服务器的配置信息可能存放在数据库或文件中，这些配置数据由某个单例对象统一读取，服务进程中的其他对象如果要获取这些配置信息，只须访问该单例对象即可。这种方式极大地简化了在复杂环境下，尤其是多线程环境下的配置管理，但随着应用场景的不同，也可能带来一些同步问题。

 【答题技巧】

单例模式（Singleton）是一种常用的设计模式。在 Java 应用中，单例模式能保证在一个 JVM 中，某个对象只有一个实例存在。在回答此问题时要先介绍单例设计模式的特点，再介绍计算机中一些常见的单例实例以及设计成单例的好处，最后介绍在实际开发中单例设计的应用。

【问题扩展】

扩展：常见的单例设计的实现。

第 1 种：饿汉式

```
class Singleton{
    private static Singleton singleton=new Singleton();
```

```
    private Singleton(){}
    public Singleton getInstance(){
        return singleton;
    }
}
```

第 2 种：懒汉式

```
class Singleton1{
    private static Singleton1 singleton=null;
    public static synchronized Singleton1 getInstance(){
        if(singleton==null){
            singleton=new Singleton1();
        }
        return singleton;
    }
}
```

第 3 种：枚举

```
enum Singleton2{
    Singleton2
}
```

第 4 种：静态内部类

```
class Singleton3 {
    private static class SingletonHolder {
        private static final Singleton3 INSTANCE = new Singleton3();
    }
    private Singleton3(){}
    public static final Singleton3 getInstance() {
        return SingletonHolder.INSTANCE;
    }
}
```

第 5 种：静态代码块

```
class Singleton4 {
    static{
        Singleton4 singleton4=new Singleton4();
    }
}
```

■ **经典面试 2:** 简述对工厂模式的理解。

【答案说明】

　　工厂模式主要是为创建对象提供过渡接口，以便将创建对象的具体过程屏蔽并隔离起来，达到提高灵活性的目的。

　　工厂模式可分为三类，并且从上到下逐步抽象，更具一般性。

　　（1）简单工厂模式（Simple Factory）：不利于产生系列产品。

　　（2）工厂方法模式（Factory Method）：又称多形性工厂。

　　（3）抽象工厂模式（Abstract Factory）：又称工具箱，产生产品族，但不利于产生新的产品。

【答题技巧】

　　工厂模式在面试中也较为常见，回答这个问题时要体现自己在开发中的实际应用能力。可以按照以上分类，从各自包含的角色及优缺点方面进行介绍。接下来可以对几个分类进行对比，比较他们的异同，最后根据个人的实际开发经验阐述自己的实际应用。

【问题扩展】

　　扩展 1：工厂方法模式的实现。

```java
// 抽象产品角色
public interface Moveable {
    void run();
}
// 具体产品角色
public class Plane implements Moveable {
    @Override
    public void run() {
        System.out.println("plane...");
    }
}
// 抽象工厂
public abstract class VehicleFactory {
    abstract Moveable create();
}
// 具体工厂
```

```
public class PlaneFactory extends VehicleFactory{
    public Moveable create() {
        return new Plane();
    }
}
```

扩展 2：抽象工厂模式的实现。

```
// 抽象工厂类
public abstract class AbstractFactory {
    public abstract Vehicle createVehicle();
    public abstract Weapon createWeapon();
    public abstract Food createFood();
}
// 具体工厂类，其中 Food、Vehicle、Weapon 是抽象类
public class DefaultFactory extends AbstractFactory{
    @Override
    public Food createFood() {
        return new Apple();
    }
    @Override
    public Vehicle createVehicle() {
        return new Car();
    }
    @Override
    public Weapon createWeapon() {
        return new AK47();
    }
}
// 测试类
public class Test {
    public static void main(String[] args) {
        AbstractFactory f=new DefaultFactory();
        Vehicle v=f.createVehicle();
        v.run();
        Weapon w=f.createWeapon();
        w.shoot();
        Food a=f.createFood();
        a.printName();
    }
}
```

第 3 章

Android 菜鸟

坚实的理论基础是面试的信心来源，是工作中的保障，是创新的根基，本章将带领菜鸟小白学习 Android 中的新特性、四大组件、常用控件、数据处理、网络交互等相关知识。

3.1 系统架构的热点问题

对 Android 系统架构的理解是对 Android 系统的宏观认知程度的最简单表现，下面针对系统架构的热点问题进行详细讲解。

■ 经典面试： 简述 Android 系统架构。

 【答案说明】

Android 系统采用分层架构，由高到低分为 4 层，依次是应用程序层、应用程序框架层、核心类库和 Linux 内核，如图 3-1 所示。

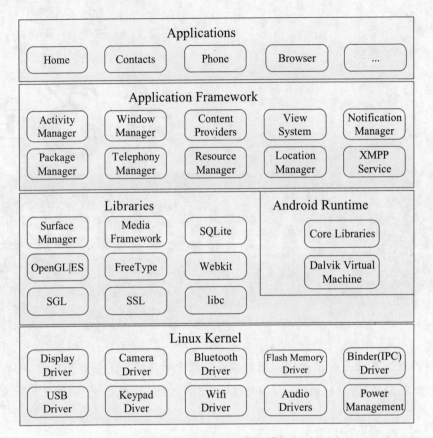

图 3-1　Android 系统架构

下面分别针对图 3-1 中的系统框架进行介绍，具体如下：

1．应用程序层（Applications）

应用程序层是一个核心应用程序的集合，所有安装在手机上的应用程序都属于这一层，如系统自带的联系人程序、短信程序，或者从 Google Play 上下载的小游戏等都属于应用程序层。

2．应用程序框架层（Application Framework）

应用程序框架层主要提供了构建应用程序时用到的各种 API。Android 自带的一些核心应用就是使用这些 API 完成的，如视图（View）、活动管理器（Activity Manager）、通知管理器（Notification Manager）等，开发者也可通过这些 API 来开发自己的应用程序。

3. 核心类库（Libraries）

核心类库中包含了系统库及 Android 运行环境。系统库这一层主要是通过 C/C++ 库来为 Android 系统提供主要的特性支持，如 OpenGL/EL 库提供了 3D 绘图的支持，Webkit 库提供了浏览器内核的支持。

4. Linux 内核（Linux Kernel）

Linux 内核层为 Android 设备的各种硬件提供了底层的驱动，如显示驱动、音频驱动、照相机驱动、蓝牙驱动、电源管理驱动等。

3.2 Android 新特性的热点问题

每一次的 Google I/O 大会都是技术开发者的狂欢，每一次 Android 新特性的发布都是 Android 系统的一次革新，这使得 Android 更加完善，更加强大。而求职者对新特性的熟知程度直接反映出求职者对新事物的敏感度以及对新知识的学习能力，这恰恰是企业最需要的。下面对 Android 新特性的热点问题进行详细讲解。

经典面试 1： 简述 Android 5.0 有哪些新特性。

【答案说明】

在 2014 年的 Google I/O 开发者大会上，Google 将 Android 从 4.0（KitKat）升级到了 5.0（Lollipop）。这是 Android 系统有史以来变化最大的一次升级。首先，在感官界面设计上，彻底迎来了 Android 系统的扁平化时代，新的系统不仅使用了新的配色，同时看起来也很时尚。此外，谷歌全面改善了原来乏味的通知中心，让原生系统也拥有了像第三方插件那样强大的功能。另外，多任务系统也加入了更多的卡片式风格，同时还有大量的其他新特性，包括 64 位编译器和增强电池续航能力。这些新特性主要体现在 10 个方面，下面进行着重介绍。

1. 全新 Material Design 设计风格

Android Lollipop 全新的设计语言受到多种因素的影响，是一种大胆的平面化创新。换句话说，谷歌希望能够让 Material Design 给用户带来纸张化的体验。新的视觉语言，在基本元素的处理上，借鉴了传统的印刷设计，字体版式、网格系统、空间、比例、配色、图像使用等这些基础的平面设计规范。另外，Material Design 还推崇实体隐喻理念，利用实体的表面与边缘的质感打造出视觉线索，让用户感受到真实。熟悉的触感让用户可以快速地理解、认知。

2. 支持多种设备

无论是智能手机、平板电脑、笔记本电脑、智能电视、汽车、智能手表，还是各种家用电子产品，谷歌的 Android 系统已经可以在几乎所有设备的屏幕上出现。

3. 全新的通知中心设计

谷歌在 Android Lollipop 中加入了全新风格的通知系统。改进后的通知系统会优先显示对用户而言比较重要的信息，会将不太紧急的内容隐藏起来。用户只需要向下滑动即可查看全部的通知内容，并且在锁屏界面可以直接查看通知消息，不仅如此，用户还可以直接在锁屏的情况下进行回复或进入应用。另外，如果在操作手机的过程中有电话进入，不会进行全画面切换，而是以弹出通知的方式告知用户。

4. 支持 64 位 ART 虚拟机

新系统不仅在视觉效果上带来了巨大的变化，Android Lollipop 还在内部的性能上进行了飞跃。首先，新系统放弃了之前一直使用的 Dalvik 虚拟机，改用了 ART 模式，实现了真正的跨平台编译，在 ARM、x86、MIPS 等无处不在。

ART 虚拟机编译器在内存占用及应用程序加载时间上进行了大幅提升，谷歌承诺所有性能都会比原来提升一倍。另外，对 64 位的支持也让 ART 虚拟机如鱼得水，开发者可以针对像 ARM Cortex-A57 这样的 64 位架构核心开发应用程序。

5. Project Volta 电池续航改进计划

Project Volta 计划增加的新工具可以让开发者能够更容易地找出为何自己的应用程序会对电量产生比较大的影响，同时确保在执行某任务时将手机电量的影响降至最低。首先，Battery Historian 可以列出手机电量消耗的详细情况，帮助开发者识别电量消耗的原因或者是哪个硬件或任务对电池寿命的影响比较大，而 Job Scheduler API 则可以让开发者更容易地选择合适的时机触发电量消耗比较高的任务，避免在低电量或未完成充电时更新应用程序。

6. 全新的"最近应用程序"

除了界面风格设计的改变之外，新的应用界面还借鉴了 Chrome 浏览器的理念，采用单独的标签展示方式。更重要的是，谷歌已经向开发者开放了 API，所以第三方开发人员可以利用这个改进为特定的应用增加全新的功能。

7. 改进安全性

现在个人识别解锁还是一个比较新鲜的智能概念，当用户的蓝牙耳机连接到手机或平板电脑时，设备可以基于当前的位置或用户的声音自动解锁。例如，当特定的智能手表出现在 Android 设备的附近时，会直接绕过锁屏界面进行操作，而 Android Lollipop 也增加了这种针对特定个人识别解锁的模式。换句话说，当设备没有检测到附近有可用的信任设备时，就会启动安全模式防止未授权访问。另外，由于 Android Lollipop 默认开启了系统数据加密功能，通过 SELinux 执行应用程序，因此新系统会变得更加安全。

8. 不同数据独立保存

谷歌表示 Android Lollipop 将拥有一个全新的特性，让用户通过一台设备即可搞定所有的工作和生活娱乐活动。该特性首先将各种数据独立保存，并让所有新数据的生成都有依据。

9. 改进搜索

谷歌将新系统的搜索功能重点放在了"重新发现"上，这就意味着 Google Search 将会更好地意识到用户正在做什么，如系统会根据用户当前的位置自动过滤无关的搜索结果。另外，当用户在进行应用搜索时，可以直接展示相似或部分提示，并进入特定的应用程序而无须将内容全部输入。

10. 新的 API 支持，蓝牙 4.1、USB Audio、多人分享等其他特性

Android Lollipop 还增加了多个新的 API 支持、蓝牙 4.1、USB Audio 外接音响及多人分享等功能。其中多人分享功能可以在用户手机丢失的情况下，使用其他 Lollipop 设备登录账户，从云端下载联系人、日历等资料，不影响其他设备的内容。

【答题技巧】

面试官问这个问题主要想知道面试者对一些新技术新特性的关注度和学习能力，对于这个问题建议面试者从全新的 Material Design 设计风格、支持多种设备、全新的通知中心设计、改进安全性、新的 API 支持，蓝牙 4.1、USB Audio、多人分享等特性中选择几个着重介绍。

经典面试 2: 简述 Android 6.0 有哪些新特性。

【答案说明】

北京时间 2015 年 5 月 29 日，谷歌在美国旧金山举行 2015 年 I/O 大会，推出全新的 Android M（Marshmallow 的缩写，意为棉花糖）操作系统，Android M 相比目前的 Android Lollipop（5.0）有 6 项重大改进，下面进行着重讲解。

1. App Permissions（软件权限管理）

在 Android M 里，应用许可提示可以自定义，它允许对应用的权限进行高度管理，如应用能否使用位置、相机、麦克风、通讯录等，这些都可以开放给开发者和用户。

2. Chrome Custom Tabs（网页体验提升）

新版的 M 对于 Chrome 的网页浏览体验进行了提升，它对登录网站、存储密码、自动补全资料、多线程浏览网页的安全性进行了一系列的优化。

3. App Links（APP 关联）

Android M 加强了软件间的关联，谷歌在现场展示了一个例子，例如，用户手机邮箱里收到一封邮件，内容里有一个微博链接，用户点击该链接可以直接跳转到微博应用，而不再是网页。

4. Android Pay（安卓支付）

Android 支付统一标准，新的 M 系统中集成了 Android Pay。其特性在于简洁、安全、可选性。Android Pay 是一个开放性平台，用户可以选择谷歌的服务或者使用银行的 App 来使用它。Android Pay 支持 4.4 上的系统设备，在发布会上谷歌宣布 Android Pay 已经与美国三大运营商 700 多家商店达成合作。Android Pay 可以使用指纹进行支付，这意味着基于安卓 M 的 Nexus 产品肯定会有指纹识别的性能。

5. Fingerprint Support（指纹支持）

Android M 增加了对指纹的识别 API，谷歌开始在 M 里自建官方的指纹识别支持，力求 Android 统一方案，目前所有 Android 指纹识别的产品使用的都是非谷歌认证的技术和接口。

6. Power & Change（电量管理）

新的电源管理模块将更为智能，如 Android 平板长时间不移动时，M 系统将自动关闭一些 App。同时 Android M 设备将支持 USB Type-C 接口，新的电源管理将更好地支持

Type-C 接口。

　【答题技巧】

根据自己理解的安卓 6.0 新特性，着重讲三到四条。建议从 App Permissions（软件权限管理）、Fingerprint Support（指纹支持）、Power&Change（电量管理）、Android Pay（安卓支付）4 个特性中选择两个重点介绍。

3.3　四大组件的热点问题

在 Android 项目开发中，四大组件是企业开发最核心的技能，因此面试者对四大组件的掌握是最基本的要求。面试官通过四大组件的问题可以了解面试者对 Android 基础的熟悉程度以及相关的开发经验。下面重点讲解 Android 中四大组件的热点面试问题。

■ 经典面试 1： 简述你对 Activity 生命周期的理解。

【答案说明】

Activity 生命周期指的是一个 Activity 从创建到销毁的全过程。Activity 的生命周期分为 5 种状态，分别是启动状态、运行状态、暂停状态、停止状态和销毁状态，其中启动状态和销毁状态是过渡状态，Activity 不会在这两个状态停留。

（1）启动状态：Activity 的启动状态很短暂，一般情况下，当 Activity 启动之后便会进入运行状态。

（2）运行状态：Activity 在此状态时处于屏幕最前端，它是可见的、有焦点的，可以与用户进行交互，如点击、双击、长按事件等。

（3）暂停状态：在某些情况下，Activity 对用户来说仍然可见，但它无法获取焦点，用户对它操作没有响应，此时它就处于暂停状态。例如：当前 Activity 上覆盖了一个透明或者非全屏的 Acitvity 时，被覆盖的 Activity 就处于暂停状态。

（4）停止状态：当 Activity 完全不可见时，它就处于停止状态，但仍然保留着当前状态和成员信息。如果系统内存不足，那么这种状态下的 Activity 很容易被销毁。

（5）销毁状态：当 Activity 处于销毁状态时，将被清理出内存。

Activity 生命周期方法有 7 个，当 Activity 启动时，依次执行 onCreate() → onStart() → onResume() 方法；当 Activity 退出时，依次执行 onPause() → onStop() → onDestroy()，而 onRestart() 方法是当 Activity 从停止状态恢复时调用的，具体如表 3-1 所示。

表 3-1　Activity 的生命周期

方法名称	方 法 说 明
onCreate()	创建 Activity 时调用，或者程序在暂停、停止状态下被杀死后重新打开时也会调用
onStart()	onCreate() 方法之后或者从停止状态恢复时调用
onResume()	onStart() 方法之后或者从暂停状态恢复时调用，从停止状态恢复时由于调用 onStart() 方法，也会调用 onResume() 方法（界面获得焦点）
onPause()	进入暂停、停止状态，或者销毁时会调用（界面失去焦点）
onStop()	进入停止状态，或者销毁时会调用
onDestroy()	销毁时调用
onRestart()	从停止状态恢复时调用

【问题扩展】

扩展 1：Activity 生命周期方法调用的顺序。

为了更好地了解 Activity 的 5 种状态以及不同状态时使用的方法，Google 公司专门提供了 Activity 生命周期模型，如图 3-2 所示。

从图 3-2 可以看出，一个 Activity 从启动到关闭，会依次执行 onCreate() → onStart() → onResume() → onPause() → onStop() → onDestroy() 方法。当 Activity 执行到 onPause() 方法 Activity 失去焦点时，重新回到前台会执行 onResume() 方法，如果此时进程被销毁 Activity 重新执行时会先执行 onCreate() 方法。当执行到 onStop() 方法 Activity 不可见时，再次回到前台会执行 onRestart() 方法，如果此时进程被销毁 Activity 会重新执行 onCreate() 方法。

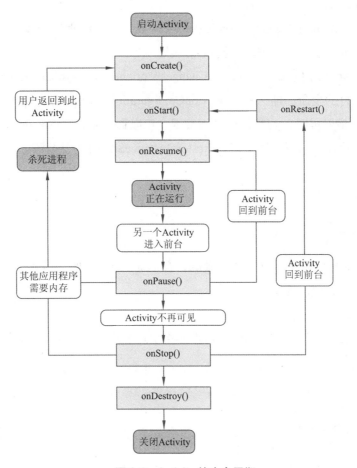

图 3-2　Activity 的生命周期

扩展 2：简述切换横竖屏时 Activity 的生命周期。

（1）不设置 Activity 的 android:configChanges 时，切屏时会重新调用各自的生命周期，切横屏时会执行一次，切竖屏时会执行两次。

切横屏时：执行一次生命周期方法

onSaveInstanceState() → onPause() → onStop() → onDestroy() → onCreate() → onStart() → onRestoreInstanceState() → onResume()

切竖屏时：执行两次生命周期方法

onSaveInstanceState() → onPause() → onStop() → onDestroy() → onCreate() → onStart() →

onRestoreInstanceState() → onResume()

（2）设置 Activity 的 android:configChanges="orientation" 时，切屏时还是会重新调用各自的生命周期，切横、竖屏时只会执行一次。

（3）设置 Activity 的 android:configChanges="orientation|keyboardHidden" 时，切屏时不会重新调用各自的生命周期，只会执行 onConfigurationChanged() 方法。

注意：切换横竖屏时，若想保存页面数据，可以通过重写 onSaveInstanceState() 方法实现；若想恢复数据，则可通过重写 onRestoreInstanceState() 方法实现。

经典面试 2： Activity 有几种启动方式？

【答案说明】

Activity 是通过意图（Intent）来启动的，在启动 Activity 时分两种情况，一种是显式启动，一种是隐式启动，具体如下：

1. 显式启动

该启动方式比较快速，创建 Intent 后直接指定包名和类名即可，具体代码如下：

```
//1.直接设置相应 Activity 的 class 来启动新的 Activity
Intent intent=new Intent(this,OtherActivity.class);
startActivity(intent);
// 2.或者通过设置包名和全类名来启动新的 Activity
Intent intent=new Intent();
intent.setClassName("cn.itcast.activity","cn.itcast.activity.OtherActivity");
startActivity(intent);
```

2. 隐式启动

该启动方式不显式指定组件，而是通过动作、类型、数据匹配对应的组件。隐式启动的几种形式的具体代码如下：

```
// 调用拨打电话的 Activity
Intent intent=new Intent();
intent.setAction(Intent.ACTION_CALL);          // 设置动作
intent.setData(Uri.parse("tel://123456"));      // 设置数据
startActivity(intent);                          // 启动 Activity
```

以上代码是创建 Intent 后，通过指定动作和数据以及类型来启动 Activity。

```
<!-- lable 表示 Activity 的标题 -->
<activity
    android:name="com.itheima.activity.OtherActivity"
    android:label="OtherActivity" >
    <!-- 配置隐式意图，匹配 http -->
    <intent-filter>
        <action android:name="android.intent.action.VIEW" />
        <!--http 开头 -->
        <data android:scheme="http" />
        <!-- 表示启动时，默认匹配 -->
        <category android:name="android.intent.category.DEFAULT" />
    </intent-filter>
    <!-- 匹配 音频、视频 -->
    <intent-filter>
        <action android:name="android.intent.action.VIEW" />
        <data android:scheme="file" android:mimeType="audio/*" />
        <!-- 文件协议类型 -->
        <data android:scheme="file" android:mimeType="video/*" />
        <category android:name="android.intent.category.DEFAULT" />
    </intent-filter>
</activity>
```

以上代码是在清单文件中配置隐式意图来启动 Activity，该方式需要在清单文件中定义 <activity> 标签的同时，也定义一个 <intent-filter> 标签，在该标签中至少配置一个 <action> 标签和一个 <category> 标签。当 <intent-filter> 标签中配置了多个 <action>、<category>、<data> 标签时，代码中的 Intent 对象不用全部匹配这几个标签，每个类型匹配一个即可启动相应的 Activity，若代码中的 Intent 对象中有设置 action、category、data 这几个属性，则在 <intent-filter> 标签中必须全部匹配这些属性所对应的标签，Activity 才能被启动。

经典面试 3: Activity 的 4 种启动模式有哪些特点？

【答案说明】

为了解决 Activity 实例的叠加、复用、在栈中的位置、在应用程序和系统中的唯一性等问题，Android 系统提供了以下 4 种启动模式：

（1）standard 模式

standard 是 Activity 的默认启动方式，这种方式的特点是，每启动一个 Activity 就会在栈顶创建一个新的实例。实际开发中，闹钟程序通常采用这种模式。standard 启动模式的原理如图 3-3 所示。

从图 3-3 可以看出，在 standard 启动模式下最先启动的 Activity01 位于栈底，依次为 Activity02、Activity03，出栈的时候，位于栈顶的 Activity03 最先出栈。

（2）singleTop 模式

使用 singleTop 模式启动 Activity 时，首先会判断要启动的 Activity 实例是否位于栈顶，如果位于栈顶则直接复用，否则创建新的实例。实际开发中，浏览器的书签通常采用这种模式。singleTop 启动模式的原理如图 3-4 所示。

图 3-3　standard 模式　　　　　图 3-4　singleTop 模式

从图 3-4 可以看出，Activity03 位于栈顶，如果再次启动的还是 Activity03，则复用当前实例，如果启动的不是 Activity03，则需要创建新的实例放入栈顶。

（3）singleTask 模式

singleTask 模式可以保证某个 Activity 在整个应用程序中只有一个实例，当 Activity 的启动模式指定为 singleTask 时，则每次启动该 Activity 时，系统首先会检查栈中是否存在当前 Activity 实例，如果存在则直接使用，并把当前 Activity 之上的所有实例全部出栈，否则会重新创建一个实例。实际开发中，浏览器主界面通常采用这种模式。singleTask 启动模式的原理如图 3-5 所示。

从图 3-5 可以看出，当再次启动 Activity01 时，并没有创建新的实例，而是将 Activity02 和 Activity03 实例直接移除，复用 Activity01，让当前栈中只有一个 Activity01

实例。

（4）singleInstance 模式

指定为 singleInstance 模式的 Activity 会启动一个新的任务栈来管理 Activity 实例，无论从哪个任务栈中启动该 Activity，该实例在整个系统中只有一个。这种模式存在的意义，是为了在不同程序中共享同一个 Activity 实例。

Activity 采用 singleInstance 模式启动分两种情况：一种是要启动的 Activity 不存在，则系统会先创建一个新的任务栈，然后再创建 Activity 实例。一种是要启动的 Activity 已存在，无论当前 Activity 位于哪个程序哪个任务栈中，系统都会把 Activity 所在的任务栈转移到前台，从而使 Activity 显示。实际开发中，来电界面通常采用这种模式。singleInstance 启动模式的原理如图 3-6 所示。

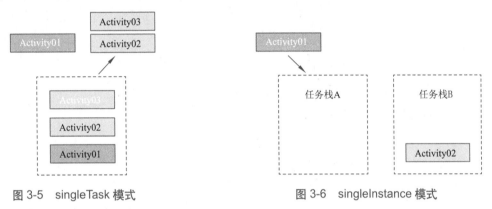

图 3-5　singleTask 模式　　　　图 3-6　singleInstance 模式

该模式下，只有一个实例，并且这个实例独立运行在一个任务栈中，该任务栈不允许有别的 Activity 存在。

■ **经典面试 4：** Activity 之间如何传递数据？

【答案说明】

Intent 是一个意图，主要用于协助完成 Android 各个组件之间的通信。Intent 不仅仅用于启动 Activity 与 Service，也用于不同 Activity 之间传递数据。在 Activity 之间传输的数据类型有基本类型、数组、Bundle、Serializable 对象、Parcelable 对象。下面用具体代码展示以上几种数据类型的传递。

1. 基本类型

```
Intent intent=new Intent(this,OtherActivity.class);
intent.putExtra("name","赵云 ");  // 携带数据
intent.putExtra("age",12);
startActivity(intent);
```

2. 大量数据

```
Intent intent=new Intent(this,OtherActivity.class);
Bundle b1=new Bundle();
b1.putString("name","张飞 ");
b1.putInt("age" ,25);
Bundle b2=new Bundle();
b2.putString("name"," 关羽 ");
b2.putInt("age",44);
intent.putExtra("b1",b1);
intent.putExtra("b2",b2);
```

3. 序列化对象（须实现序列化接口）

```
Intent intent=new Intent(this,OtherActivity.class);
Person p=new Person(" 张辽 ",44);
intent.putExtra("p",p);
```

【问题扩展】

扩展 1：Activity 之间如何进行数据回传？

Activity 中提供了一个 startActivityForResult(Intent intent, int requestCode) 方法，该方法也用于启动 Activity，并且这个方法可以在当前 Activity 销毁时返回一个结果给上一个 Activity，实现数据回传功能。这种功能在实际开发中很常见，如发微信朋友圈时，进入图库选择好照片后，会返回到发表状态页面并带回所选的图片信息。下面按照步骤介绍 Activity 之间如何进行数据回传。

（1）在 Activity01 中开启 Activity02，具体代码如下：

```
Intent intent=new Intent(this,Activity02.class);
startActivityForResult(intent,1);
```

（2）在 Activity02 中添加返回的数据，具体代码如下：

```
Intent intent=new Intent();
intent.putExtra("extra_data","Hello Activity01");
setResult(1,intent);
```

（3）在 Activity01 中重写 onActivityResult() 方法得到返回的数据，具体代码如下：

```
protected void onActivityResult(int requestCode,int resultCode,Intent data) {
    super.onActivityResult(requestCode,resultCode,data);
    if(requestCode==1){
        if(resultCode==1) {
            String string=data.getStringExtra("extra_data");
        }
    }
}
```

在一个 Activity 中很可能调用 startActivityForResult() 方法启动多个不同的 Activity，每一个 Activity 返回的数据都会回调 onActivityResult() 这个方法，因此，首先要做的就是通过检查 requestCode 的值来判断数据来源，确定数据是从 Activity02 返回的，然后通过 resultCode 的值来判断数据处理结果是否成功，最后从 data 中取出数据，这样就完成了 Activity 数据返回的功能。

扩展 2：Intent 与 PendingIntent 的区别。

PendingIntent 是延时意图，可以看作对 Intent 的包装，主要用于处理非即时 Intent，供当前 App 与外部 App 调用。PendingIntent 主要持有的信息是它所包装的 Intent 和当前的 App Context，即使当前 App 已经不存在了，也可以通过存在于 PendingIntent 中的 Context 来执行 Intent。例如，用户点击通知栏中的消息时，跳转到 App 的某个页面。

Intent 与 PendingIntent 的区别主要有以下几点：

（1）Intent 是即时启动，随所在的 Activity 消失而消失，而 PendingIntent 用于处理非即时 Intent。

（2）Intent 在程序结束后终止，而 PendingIntent 在程序结束后依然有效。

（3）Intent 需要在某个 Context 内运行，而 PendingIntent 自带 Context。

（4）Intent 在原 Task 中运行，而 PendingIntent 在新的 Task 中运行。

（5）Intent 一般用于 Activity、Service、BroadcastReceiver 之间传递数据，而 Pendingintent 一般用于消息通知上，可以理解为延迟执行的 Intent。

经典面试 5: 已调用多个 Activity 后如何安全退出？

【答案说明】

对于单一 Activity 的应用来说，退出很简单，直接调用 finish() 方法即可。但是，对于多个 Activity 的应用来说，当打开多个 Activity 后，如果想在最后打开的 Activity 中直接退出应用程序，这就需要将每个 Activity 都关闭掉，然后退出。下面介绍四种安全退出已调用多个 Activity 的 Application。

1. 抛异常强制退出

该方法通过抛异常，使程序 Force Close（强制关闭），但是，这种方式会让 Android 系统弹出 Force Close 的窗口，用户体验很差。

2. 记录打开的 Activity 并逐个关闭

这种方式进行的操作需要抽取到 Activity 的父类中来实现，在父类的 onCreate() 方法中调用 Activity 集合的 add() 方法把每一个打开的 Activity 添加到该集合中。当退出 App 时，需要在父类中创建一个 killAll() 方法，在该方法中复制一份 Activity 的集合，然后遍历复制后的集合来关闭所有 Activity。

3. 发送特定广播实现安全退出

在需要结束应用时，发送一个特定的广播，每个 Activity 收到广播后，关闭即可。在这个过程中，注册广播接收者的逻辑可以抽取到父类中实现，需要安全退出应用时，仅需发送 action 为注册时指定的 action 即可，所有开启 Activity 都注册有监听此广播的广播接收者，广播接收者收到此类广播时，将直接调用 finish() 的方法，关闭当前 Activity。

4. 递归退出每个 Activity

当需要打开新的 Activity 时，使用 startActivityForResult() 方法打开新 Activity，需要安全退出应用时，自定义一个标志退出的 Flag，在各 Activity 的 onActivityResult() 方法中处理这个 Flag，来实现递归关闭。

【答题技巧】

实现安全退出已开启多个 Activity 的 Application 有多种方式，简单说出上面的 4 种方式，然后着重表述记录打开的 Activity 和发送特定广播实现安全退出这两种方式。因为上面两种方式在实际开发中经常用到。

■ 经典面试6: 如何应对后台的 Activity 被系统回收？

【答案说明】

Acticity 被系统回收有 3 种情况，具体如下：

（1）每个手机的内存是有限制的，当 Android 系统发现内存不足时，它会将后台运行的一些应用程序杀死，回收这部分内存。

（2）如果没有对横竖屏切换的情况进行任何处理，那么在 Activity 进行横竖屏切换时，Activity 会先被完全销毁回收，然后再被重新创建，导致页面数据丢失。

（3）当 App 长期在后台运行时，有时出于省电等节省资源的目的，系统也会将 APP 回收掉。

Activity 中提供了一个 onSavedInstanceState(Bundle obj) 方法，当系统销毁 Activity 时，会将 Activity 的状态信息以键值对形式存放在 bundle 对象中。开发者可以重写 Activity 的 onSavedInstanceState() 方法，将要保存的页面数据全部存到 bundle 对象中。假如 Activity 被回收了，那么下次再次进入这个 Activity 时就一定会调用 onCreate() 方法，开发者可以在 onCreate() 方法中通过 bundle 对象中保存的用户数据来做一些恢复数据的工作，防止 Activity 被系统回收时造成用户数据丢失。

【答题技巧】

遇到此问题要先说明 Activity 为什么会被 Android 系统回收，然后讲述如何防止 Activity 被回收而造成的数据丢失。

【问题扩展】

扩展：Activity 被系统回收时会出现哪些问题？

当 Activity 被系统回收后，相应的用户数据自然也会被回收掉。假设某个 Activity 的页面主要是一些 EditText，需要用户去填写很多信息，但是出于某种原因，用户在填写了一部分信息之后，将 App 置于后台运行。那么，假设此时 Activity 被系统回收了，下次用户再次进入 App 时，将发现之前自己输入的数据全都没有了，不得不重新输入，这种用户体验是非常不好的。同时，页面上的某些功能可能会依赖于某些页面数据，如果数据被回收了，那么当进入页面时，可能会造成一些异常，导致应用程序崩溃。

经典面试7: Service 有几种启动方式?

【答案说明】

Service（服务）是一个运行在后台没有用户界面的组件，用于执行耗时操作。Service 运行于宿主进程的主线程中，既不创建自己的线程也不运行在单独的进程中（除非明确指定）。这意味着，如果服务要执行一些很耗 CPU 的工作或者阻塞的操作（如播放 MP3 或网络操作），应该在服务中创建一个新的线程来执行这些工作。利用单独的线程，将减少 Activity 发生应用程序停止响应（ANR）错误的风险。

Service 的启动方式有以下两种：

（1）调用 startService() 启动：这种方式启动的 Service 会长期在后台运行，即使启动它的应用组件已经被销毁，该服务还是会运行。若资源不足时，则服务可能会被杀死；当资源足够时，服务又会被重新启动。

（2）调用 bindService() 启动：这是一种"绑定"状态的 Service，一个绑定的 Service 提供一个允许组件与 Service 交互的接口，可以发送请求、获取返回结果，还可以通过跨进程通信来交互（IPC）。绑定的 Service 只有当应用组件绑定后才能运行，多个组件可以绑定一个 Service，被绑定的服务的生命周期会跟调用者关联起来，调用者退出，服务也会跟着被销毁。通过绑定服务，可以间接调用服务内部的方法（借助 onBind() 方法返回 IBinder 实现类）。当调用 unbind() 方法时，该 Service 就会被销毁。

综上所述，这两种启动服务方式的区别是，通过 startService() 方法启动的服务不能调用服务内部的方法。通过 bindService() 方法启动的服务，可以通过一个调用者调用服务内部的方法。

【问题扩展】

扩展：请简述服务的混合开启模式。

（1）服务的正常开启模式

一般情况下，服务的开启和停止的过程中调用的方法如下：

① start() → stop()。

开启服务→结束服务。

② bind() → unbind()。

绑定服务→解绑服务。

（2）服务的混合开启模式

混合调用情况下，服务的开启和停止的过程中调用的方法如下：

① start() → bind() → stop() → unbind() → ondestroy()。　　　（通常不会使用这种模式）

开启服务→绑定服务→结束服务（服务不停）→解除绑定（服务停止）。

② start() → bind() → unbind() → stop()。　　　（经常使用这种混合模式）

开启服务→绑定服务→解绑服务（此时服务还继续运行）→结束服务（不用时，再停止服务）。

混合开启服务的方式既保证了服务可以长期在后台运行，又可以让调用者远程调用服务中提供的方法。

■ **经典面试8：** 简述你对 Service 生命周期的理解。

【答案说明】

与 Activity 类似，Service 也有生命周期。Service 的生命周期是从 onCreate() 方法被调用时开始，到 onDestroy() 方法被调用时结束。在 onCreate() 方法中进行它的初始化工作，在 onDestroy() 方法中释放资源。用不同方式启动服务，服务的生命周期也是不同的。服务的生命周期如图 3-7 所示。

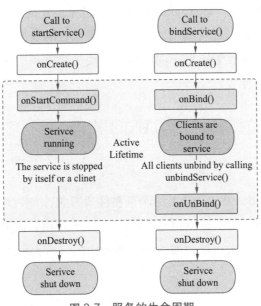

图 3-7　服务的生命周期

从图 3-7 可以看出，当通过 startService() 方法启动服务时，执行的生命周期方法为 onCreate()、onStartCommand()，然后服务处于运行状态，直到自身调用 stopSelf() 方法或者其他组件调用 stopService() 方法时服务停止，最终被系统销毁。当使用 bindService() 方法启动服务时，执行的生命周期方法为 onCreate()、onBind()，然后服务处于运行状态，直到调用 unBindService() 方法时，服务被解绑调用 onUnbind() 方法，最终被销毁。

经典面试 9：广播有几种类型？

【答案说明】

Broadcast（广播）是一种广泛运用在应用程序之间传输信息的机制，广播有两种类型，分别为无序广播和有序广播。

（1）无序广播：该广播是调用 sendBroadcast() 方法来发送广播的。无序广播不可以被拦截，若被拦截，则会报错。所有接收无序广播的广播接收者在此广播被发送时均能接收到该无序广播。无序广播的广播接收者之间不能相互传递数据。

（2）有序广播：该广播是调用 sendOrderedBroadcast() 方法来发送广播的，同时也可以调用 abortBroadcast() 方法来拦截该广播。有序广播的广播接收者可以在清单文件中，通过 <intent-filter> 标签设置 "android:property" 属性来设置优先级，优先级高的接收者可以拦截优先级低的。在相同优先级下，广播接收者接收的顺序要看接收者在清单文件中声明的顺序，先声明的接收者比后声明的接收者要先接收到广播。有序广播的广播接收者之间可以互相传递数据。

经典面试 10：广播接收者有几种注册方式？

【答案说明】

广播接收者（BroadcastReceiver）分为两种注册方式：

（1）静态注册：直接在 AndroidManifest.xml 文件中进行注册，通过该方式注册的广播接收者在系统中运行一次后就会被注册到系统中，以后无须运行该应用程序也可以接收到广播。

（2）动态注册：无须在 AndroidManifest.xml 文件中注册 <receiver> 组件，直接在代码中通过调用 Context 的 registerReceiver() 方法即可在程序中动态注册广播接收者。通过这种注册方式注册的广播接收者，只有在代码运行时，广播接收者才生效。若代码运行结束，则广播接收者也即失效。

【问题扩展】

扩展：请简述对 EventBus 的理解。

EventBus 是一款针对 Android 端优化的发布 / 订阅消息总线，它简化了应用程序内各组件间、组件与后台线程间的通信。其主要功能是用来替代传统的 Intent、Handler、BroadCast 在 Fragment、Activity、Service 以及线程之间传递消息。

EventBus 作为一个消息总线，有 3 个主要元素，如表 3-2 所示。

表 3-2　EventBus 中的 3 个主要元素

元素名称	说　　　明
Event	事件
Subscriber	事件订阅者，接收特定的 Event 事件
Publisher	事件发布者，用于通知 Subscriber 有事件发生

EventBus 执行流程如图 3-8 所示。

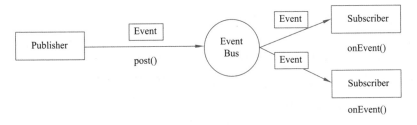

图 3-8　EventBus 执行流程

由图 3-8 可以看出，Publisher 是发布者，通过 post() 方法将消息事件 Event 发布到事件总线 EventBus，接着遍历所有已经注册事件的订阅者，找到里边的 onEvent 等 4 个方法分发 Event 事件。Subscriber 是订阅者，收到事件总线发下来的消息，在这个过程中 onEvent() 方法被执行。注意：订阅者参数类型必须和发布的参数一致。

EventBus 实现了一种发布订阅设计模式（Publish/Subsribe），或者称为观察者设计模式，其优点为代码简洁优雅，使用方便，开销小，有助于代码解耦。

■ **经典面试 11：** 简述对 ContentProvider 的理解。

 【答案说明】

ContentProvider（内容提供者）是 Android 四大组件之一，用于不同的应用程序之间实现数据共享的功能，允许一个程序访问另一个程序的数据，同时还能保证被访问数据的安全性。Android 已经为一些常见的数据（如系统相册、通讯录等）提供了默认的 ContentProvider。而 ContentProvider 是使用表的形式来组织数据的，无论数据的来源是什么，ContentProvider 都会认为是一种表，然后把数据组织成表格。ContentProvider 提供的方法有 query（查询）、insert（插入）、update（更新）、delete（删除）、getType（得到数据类型）、onCreate（创建数据时调用的回调方法），每个 ContentProvider 都有一个公共的 URI，这个 URI 用于表示这个 ContentProvider 所提供的数据。Android 所提供的 ContentProvider 都存放在 android.provider 包当中。

当外部应用需要对 ContentProvider 中的数据进行添加、删除、修改和查询操作时，可以使用 ContentResolver 类来完成，该对象通过 Context 提供的 getContentResolver() 方法创建。还有一种方式是通过 ContentProvider 本身来完成，但必须要有保存数据的场所，通常来说就是 SQLite 数据库。

【问题扩展】

扩展：ContentProvider/ContentResolver/ContentObserver 有何区别。

在使用 ContentProvider 的过程中还会涉及两个对象，ContentResolver 和 ContentObserver，下面简单说明下这 3 个对象的区别。

（1）ContentProvider：把一个应用程序的私有数据（如数据库）信息暴露给其他应用程序，让其他应用程序可以访问到这些私有数据。在 ContentProvider 中有对应的增删改查的方法，如果要让其他应用程序访问，则需要对外暴露一个 URI 路径。

（2）ContentResolver：根据 ContentProvider 的 URI 路径，对数据进行 CRUD 的操作等。

（3）ContentObserver：可以理解成 Android 系统包装好的回调，当 ContentProvider 数据发送变化时，会执行回调中的方法。ContentResolver 发送通知，ContentObserver 监听通知。

3.4 Fragment 的热点问题

碎片化的出现让一些复杂冗长的内容。在一些屏幕尺寸与分辨率存在差异的设备上进行合理的展示，极大地提高了用户体验。下面对 Fragment 的热点问题进行详细的讲解。

■ 经典面试 1：简述你对 Fragment 的理解。

【答案说明】

Fragment（碎片）是在 Android 3.0 时出现的。可以把 Fragment 想象成 Activity 的一个模块化区域，它拥有自己的生命周期，接收属于自己的输入事件，并且可以在 Activity 运行期间被添加或删除。Fragment 必须被嵌入一个 Activity 中，它们的生命周期直接受其宿主 Activity 的影响。当一个 Activity 正在运行时，可以独立地操作其中的每一个 Fragment，如添加或删除。

Fragment 的加载方式有两种：静态加载和动态加载。静态加载很简单，只需要把 Fragment（片段）当成普通 UI 控件放到界面 Layout 中。动态加载需要先了解 Fragment 事务。事务指的就是一种原子性、不可拆分的操作。所谓的 Fragment 事务，就是对 Fragment 进行添加、移除、替换或执行其他动作，提交给 Activity 的每一个变化，这就是 Fragment 事务。动态加载流程如下：

（1）开启一个新事务。

（2）通过事务添加 Fragment。

（3）提交事务，否则添加不成功。

【问题扩展】

扩展 1：Fragment 如何向下兼容？

Fragment 是在 Android 3.0 时推出的，若想在 3.0 以下的版本中使用 Fragment，则需要执行以下几步：

（1）把所有的 Fragment 类与 FragmentManager 类改成是 support-v4 包下的类。

（2）把继承的 Activity 类改为 FragmentActivity（support-v4 包下的）类。

（3）通过 getSupportFragmentManager() 方法来获取 FragmentManager 类的实例。

扩展 2：简述 Fragment 的生命周期。

Fragment 的生命周期与 Activity 生命周期类似，其生命周期中用到的方法如表 3-3 所示。

表 3-3 Fragment 的生命周期

方 法 名 称	方 法 说 明
onAttach()	绑定 Fragment 到 Activity
onCreate()	创建 Fragment
onCreateView()	创建 Fragment 的布局
onActivityCreated()	Activity 创建完成后回调此方法
onStart()	可见，不可交互状态
onResume()	可见，可交互状态
onPause()	部分可见，不可交互状态
onStop()	不可见状态
onDestroyView()	销毁 Fragment 的 View 对象
onDestroy()	Fragment 被销毁
onDetach()	Fragment 从 Activity 解绑

■ **经典面试 2：** Fragment 与 Activity 如何进行交互？

【答案说明】

由于所有的 Fragment 都依附于 Activity，因此它们之间实现通信并不复杂，大概可分为两种情况：一种是在 Activity 中获取 Fragment 对象，一种是在 Fragment 中获取 Activity 对象。具体如下：

1. 在 Activity 中获取 Fragment 实例

若 Activity 中包含自己管理的 Fragment 引用，可以直接访问 Fragment 的公有方法进行相应操作。若 Activity 中未保存 Fragment 的引用，则通过 getFragmentManager().

findFragmentByTag() 或者 findFragmentById() 获得相应 Fragment 的实例，然后进行操作。

2. 在 Fragment 中获取 Activity 实例

在 Fragment 中可以通过 getActivity() 方法得到当前绑定的 Activity 的实例，然后进行相应的操作。

注意：在 Fragment 中可以通过 getActivity() 方法来获取 Context，若需要让 Context 在 Activity 被销毁后还存在，则可以用 getActivity().getApplicationContext() 来获取。

【问题扩展】

扩展：如何切换 Fragment？

首先分别获取 FragmentManager 与 FragmentTransaction 的实例，然后创建一个 Fragment 实例，接下来调用 FragmentTransaction 对象的 replace() 方法与 commit() 方法来完成 Fragment 的切换。具体代码如下：

```
// 获取 FragmentManager 的实例
FragmentManager fragmentManager=getFragmentManager();
FragmentTransaction fragmentTransaction=fragmentManager.beginTransaction();
ExampleFragment fragment=new ExampleFragment();    // 创建一个 Fragment
fragmentTransaction.replace(R.id.content,fragment);
fragmentTransaction.commit();
```

3.5 常用控件的热点问题

简化代码结构，提高用户体验是每个开发人员的追求，因此不断会有新控件出现来满足要求较高的用户，对新控件的掌控度很大程度上决定了产品的新颖度。同时在移动端与前端交互日渐紧密的今天，与 JavaScript、HTML 网页等进行交互也成为 Android 开发工程师的必备技能。下面针对 RecyclerView 控件与 WebView 控件的热点问题进行讲解。

经典面试 1： 简述你对 RecyclerView 控件的理解？

【答案说明】

RecyclerView 是 Android 5.0 新出的控件，也是 android-support-v7-21 版本中新增的

一个 Widgets。该控件用于在有限的窗口中展示大量数据集，可以在一个界面实现多个界面的转换，提供了一种插拔式的体验，高度解耦异常灵活，可替代 ListView、GridView、瀑布流等。与 RecyclerView 控件相关的主要的类如表 3-4 所示。

表 3-4　RecyclerView 相关的类

类　　名	简　要　说　明
RecyclerView.Adapter	托管数据集合，为每个 Item 创建视图
RecyclerView.ViewHolder	承载 Item 视图的子视图
RecyclerView.LayoutManager	负责 Item 视图的布局
RecyclerView.ItemDecoration	为每个 Item 视图添加子视图，在 Demo 中用于绘制 Divider
RecyclerView.ItemAnimator	负责添加、删除数据时的动画效果

与 ListView 控件不同的是，RecyclerView 控件不再负责 Item 的摆放等显示方面的功能，所有与布局、绘制等方面的工作都被拆分成不同的类进行管理，所以开发者可以自定义各种满足需求的功能类。

经典面试 2: 简述你对 WebView 控件的理解？

【答案说明】

WebView 控件与 iOS 的 UIWebView 控件类似，主要用于显示网页内容，大大简化了客户端的开发工作。该控件常用 loadUrl() 方法直接加载一个网页或者本地文件（该文件放在 assets 目录中），也可以用 loadDataWithBaseURL() 方法加载一个字符串。另外在使用 WebView 控件加载网页时需要在清单文件中加入访问网络的权限。

WebView 控件的基本属性设置如表 3-5 所示。

表 3-5　WebView 控件基本属性的设置

方　　法	简　要　说　明
WebView.getSettings().setJavaScriptEnabled(boolean enabled)	表示是否支持 js，若想让 Java 与 js 能够交互或希望 js 能完成一定的功能，可以设置为 true

续表

方　　　法	简　要　说　明
WebView.getSettings(). setSupportZoom(boolean enabled)	表示是否支持缩放，默认为 true
WebView.getSettings(). setBuiltInZoomControls(boolean enabled)	设置是否显示缩放工具，默认为 false
WebView.getSettings(). setDefaultFontSize(int size)	设置默认的字体大小，默认为 16，有效值区间为 1 ～ 72
WebView.getSettings(). setLayoutAlgorithm(LayoutAlgorithm. SINGLE_COLUMN)	设置网页内容重新布局的模式，用于设置网页自适应屏幕的规则

　　在 WebView 控件上点击链接打开很多页面后，如果不做任何处理，点击系统后退键，整个浏览器会调用 finish() 方法结束自身。如果希望浏览的网页回退而不是退出浏览器，则需要在当前 Activity 中处理并消费掉该 Back 事件，同时覆盖 Activity 类的 onKeyDown() 方法。

　　如果点击 WebView 控件上的链接由该控件自己来处理，则需要给 WebView 控件添加一个事件监听对象 WebViewClient，并重写其中的 shouldOverrideUrlLoading() 方法，对网页中的超链接按钮进行响应。当按下某个链接时，WebViewClient 会调用 shouldOverrideUrlLoading() 方法，并将按下的 url 作为参数传递给该方法。

■ 经典面试3: WebView 与 JavaScript 如何进行交互?

【答案说明】

　　WebView 控件最重要的应用是与 JavaScript 的互调。在 Android 4.2 之后 JavaScript 的注入需要加入注解 "@JavascriptInterface"。

　　1. Android 端调用 HTML 中的 JavaScript 代码

　　Android 端只需要在初始化 WebView 控件时，需要开启该控件对 JavaScript 的支持，然后先调用 loadUrl() 方法来加载 HTML 文件，接着再次调用该方法完成对 JavaScript 代码的调用。接下来例举一个例子，在一个名为 test 的 HTML 页面中定义一个 JavaScript 方法，具体代码如下：

```
function javaCallJs(){
    document.getElementById("content").innerHTML+="java 调用了 js 函数";
}
```

在 Android 端初始化一个 WebView 控件并加载 test.html 文件，具体代码如下：

```
private void initWebView() {
    mWebview.getSettings().setJavaScriptEnabled(true);  // 启用 JavaScript
    mWebview.loadUrl("file:///android_asset/test.html"); // 加载 HTML 文件
}
```

调用 HTML 页面中的 javacallJs() 方法，具体代码如下：

```
mWebview.loadUrl("javascript:javaCallJs()");
```

2. JavaScript 代码调用 Android 端的代码

首先为 WebView 控件绑定一个 JavascriptInterface 类，JavaScript 脚本通过该类对 Java 代码进行调用，定义一个 JavascriptInterface 类，具体代码如下：

```
public class TestInterface {
/**
 * 因为安全问题，在 Android4.2 以后（应用的 android:targetSdkVersion 数值为 17+）
 * JS 只能访问带有 @JavascriptInterface 注解的 Java 函数
 */
 @JavascriptInterface
 public void startFunction() {
     Toast.makeText(MainActivity.this, "js 调用了 java 函数",
                                    Toast.LENGTH_SHORT).show();
 }
}
```

在初始化 WebView 控件时需要绑定这个 JavascriptInterface，具体代码如下：

```
// 在代码中，TestInterface 是实例化的对象，testInterface 是这个对象在 js 中的别名
mWebview.addJavascriptInterface(new TestInterface(), "testInterface");
```

通过在绑定 JavascriptInterface 时设置的别名，可以使 JavaScript 调用 Java 代码，HTML 中的具体代码如下：

```
<body>
    this is my html <br/>
    <a onClick="window.testInterface.startFunction()">点击调用 Java 代码</a><br/>
</body>
```

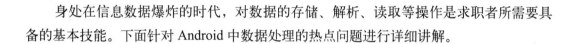

3.6 数据处理的热点问题

　　身处在信息数据爆炸的时代，对数据的存储、解析、读取等操作是求职者所需要具备的基本技能。下面针对 Android 中数据处理的热点问题进行详细讲解。

■ 经典面试 1：XML 解析的常见方式有哪些？

【答案说明】

　　对于 Android 移动设备而言，由于设备的资源比较宝贵，内存是有限的，因此需要选择适合的技术来解析 XML 文件提高访问的速度。XML 的解析方式常见的有 3 种，分别是 DOM 解析、SAX 解析、PULL 解析。

　　1. DOM 解析

　　DOM 解析是基于文档驱动的解析，通常需要加载整个文档并构成 DOM 树之后才开始工作。由于 DOM 树在内存中是持久的，因此可以在程序中对数据与结构做出更改。

　　优点：简单、直观适用于 XML 文件较小时。

　　缺点：通常需要加载整个 XML 文档来构造层次结构，消耗资源大，该方式不适合解析大文档。

　　2. SAX 解析

　　SAX（Simple API for XML）解析器是一种基于事件的解析器，该解析器的工作原理简单地说就是对文档进行顺序扫描，当扫描到文档（document）开始与结束、元素（element）开始与结束等地方时，会通知事件处理函数做相应的动作。

　　优点：解析效率高，占用内存少，非常适合在 Android 等移动设备中使用。

　　缺点：需要应用程序自己负责 TAG 的处理逻辑（如维护父／子关系等），使用麻烦。单向导航，很难同时访问同一文档中的不同部分数据，不支持 XPath。

3. PULL 解析

PULL 解析器的运行方式与 SAX 类似，都是基于事件的模式。不同的是，并未像 SAX 解析那样监听元素的结束，而是在开始处完成了大部分处理。在 PULL 解析过程中，需要自己获取产生的事件，然后做相应的操作，而不像 SAX 那样由处理器触发一种事件，执行相应的代码。当解析到一个文档结束时，将自动生成 EndDocument 事件。Android 官方推荐开发者使用 PULL 解析技术。PULL 解析技术是第三方开发的开源技术，它同样可以应用于 JavaSE 开发。

优点：小巧轻便，解析速度快，简单易用，非常适合在 Android 移动设备中使用。

■ **经典面试 2:** 简述 JSON 数据的特点。

【答案说明】

JSON 是一种轻量级的数据交换格式，具有良好的可读和便于快速编写的特性。可以在不同平台间进行数据交换。JSON 是 JavaScript 对象表示语法的子集。JSON 的值由数字（整数或者浮点数）、字符串（在双引号内）、逻辑值（true 或 false）、数组（使用方括号 [] 包围）、对象（使用花括号 {} 包围）、null 等组成，JSON 中有且只有两种结构：对象和数组。

（1）对象：在 JSON 中是"{}"括起来的内容，数据结构为 {key:value,key:value,…} 的键值对结构。在面向对象的语言中，key 为对象的属性，value 为对应的属性值，取值方法为对象 .key 获取属性值，该属性值的类型可以是数字、字符串、数组、对象等。

（2）数组：在 JSON 中是"[]"括起来的内容，数据结构为 ["java","javascript","vb",…]，与所有语言一样，使用索引获取值，字段值的类型可以是数字、字符串、数组、对象等。

■ **经典面试 3:** 如何解析 JSON 数据？

【答案说明】

若要使用 JSON 中的数据，就需要将 JSON 数据解析出来。Android 平台上有两种解析技术可供选择：一种是通过 Android 内置的 org.json 包，一种是通过 Google 开源的 Gson 库。接下来将使用这两种技术分别针对 JSON 对象和 JSON 数组进行解析。

例如，要解析的 JSON 数据如下：

```
{ "name": "zhangsan", "age": 27, "married":true }  //json1 一个json对象
[16,2,26]                                           //json2 一个数字数组
```

1. 使用 org.json 解析 JSON 数据

Android SDK 中为开发者提供了 org.json，可以用来解析 JSON 数据，由于 JSON 数据只有 JSON 对象和 JSON 数组两种结构，因此 org.json 包提供了 JSONObject 和 JSONArray 两个类对 JSON 数据进行解析。

使用 JSONObject 解析 JSON 对象，示例代码如下：

```
JSONObject jsonObj=new JSONObject(json1);
String name=jsonObj.optString("name");
int age=jsonObj.optInt("age");
boolean married=jsonObj.optBoolean("married");
```

使用 JSONArray 解析 JSON 数组，示例代码如下：

```
JSONArray jsonArray=new JSONArray(json2);
for(int i=0; i<jsonArray.length(); i++) {
    int age=jsonArray.optInt(i);
}
```

从上述代码可以看出，数组的解析方法和对象类似，只是将 key 值替换为数组中的下标。另外代码中用到了 optInt() 方法，这种方法在解析数据时是安全的，如果对应的字段不存在，则返回空值或者 0，不会报错。

2. 使用 Gson 解析 JSON 数据

Gson 库是由 Google 提供的，若要使用 Gson 库，首先需要将 gson.jar 添加到项目中，然后才能调用其提供的方法。接下来通过示例代码演示如何使用 Gson 解析上面的 JSON 数据。

使用 Gson 库之前，首先需要创建 JSON 数据对应的实体类 Person，需要注意的是，实体类中的成员名称要与 JSON 数据的 Key 值一致。

使用 Gson 解析 JSON 对象，示例代码如下：

```
Gson gson=new Gson();
Person person=gson.fromJson(json1,Person.class);
```

使用 Gson 解析 JSON 数组，示例代码如下：

```
Gson gson=new Gson();
Type listType=new TypeToken<List<Integer>>(){}.getType();
List<Integer> ages=gson.fromJson(json2,listType);
```

从上述代码可以看出，使用 Gson 库解析 JSON 数据是十分简单的，同时可以提高开发效率，推荐使用。

【问题扩展】

扩展：如何使用 JsonReader 解析 JSON 字符串？

JsonReader 的使用与 XML 解析中的 PULL 方式有一点类似。在创建 JSONObject 与 JSONArray 对象时，传递的参数是 String 类型，而在创建 JsonReader 对象时传递的参数是 Reader 类型。在网络访问中，可以直接传递输入流，进而转化成 Reader；接着根据返回的类型调用 beginObject() 或 beginArray() 方法用于开始读取对象或数组；然后调用 hasNext() 方法读取数据，数据读取完后需调用相应的 endObject() 或 endArray() 方法来关闭对象或数组；最后调用 close() 方法关闭 Reader。

经典面试4: 如何使用 SQL 语句操作 SQLite 数据库？

【答案说明】

Android 中的 SQLite 数据库主要用于较大的数据持久化保存，以达到节省客户流量的目的。SQLite 数据库提供的增删改查方法也可通过 SQL 语句来执行。

SQLite 数据库中运用 SQL 语句进行增删改查的操作如表 3-6 所示。

表 3-6　SQLite 数据库中的增删改查操作

操作名称	运　行　语　句
增加信息	insert into 表明 (字段列表) values(值列表) 例如，insert into person(name,age) values(' 传智 ',3)
删除信息	delete from 表名 where 条件子句 例如，delete from person where id = 10

续表

操作名称	运 行 语 句
修改信息	update 表名 set 字段名 = 值 where 条件子句 例如，update person set name=' 传智 ' where id = 10
查询信息	select * from 表名 例如，select * from person

另外，也可以用第三方的数据库框架 LitePal 达到存储数据的目的，使用该第三方数据库，不仅轻量级，而且更符合面向对象的思想。

【问题扩展】

扩展：SQLite 数据库中有几种表关系？

SQLite 数据库中的表与表之间的关系有多种，如一对一、一对多、多对多。

1. 一对一

在一对一关系中，A 表中的一行最多只能匹配于 B 表中的一行，反之亦然。如果相关列都是主键或都具有唯一约束，则可以创建一对一关系。

2. 一对多

在这种关系中，A 表中的一行可以匹配 B 表中的多行，但是 B 表中的一行只能匹配 A 表中的一行，只有当一个相关列是一个主键或具有唯一约束时，才能创建一对多关系。

3. 多对多

在多对多关系中，A 表中的一行可以匹配 B 表中的多行，反之亦然。要创建这种关系，需要定义第三个表，称为结合表，它的主键由 A 表和 B 表的外部键组成。

经典面试5: 如何使用 SQLiteDatabase 操作 SQLite 数据库？

【答案说明】

1. 使用 SQLiteDatabase 操作 SQLite 数据库

Android 提供了一系列创建与操作 SQLite 数据库的 API。SQLiteDatabase 代表一个数据库对象，并提供了一些操作数据库的方法。SQLiteDatabase 的常用方法如表 3-7 所示。

表 3-7　SQLiteDatabase 的常用方法

方 法 名 称	方 法 描 述
openOrCreateDatabase(Stringpath,SQLiteDatabase.CursorFactory factory)	打开或创建数据库
insert(String table,String nullColumnHack,ContentValues values)	添加一条记录
delete(String table,String whereClause,String[] whereArgs)	删除一条记录
query(String table,String[] columns,String selection,String[] selectionArgs,String groupBy,String having,String orderBy)	查询一条记录
update(String table,ContentValues values,String whereClause,String[] whereArgs)	修改记录
execSQL(String sql)	执行一条 SQL 语句
close()	关闭数据库

在 Android 应用程序开发中，事物经常会进行数据库操作，数据库事务的处理有助于提升程序的稳定性与效率。当 Android 数据库中所有操作打包成一个事务时能大大提高处理速度，一个事务中的所有操作要么都执行成功，要么都执行失败，这样可以保证数据的一致性。

【问题扩展】

扩展 1：如何使用 SQLiteOpenHelper 创建数据库？

SQLiteOpenHelper 是 SQLiteDatabase 的一个辅助类。该类主要生成一个数据库，并对数据库的版本进行管理。在程序中调用 SQLiteOpenHelper 类的 getWritableDatabase() 或 getReadableDatabase() 方法时，若指定的数据库不存在，则会调用 SQLiteDatabase.create() 方法创建一个数据库。

SQLiteOpenHelper 是一个抽象类，通常需要继承它并实现其中的 3 个方法，这 3 个方法具体描述如表 3-8 所示。

表 3-8　SQLiteOpenHelper 类中的 3 个方法

方法名称	方 法 描 述
onCreate()	在创建数据库时才会调用该方法，一般也在该方法中生成数据库表

方 法 名 称	方 法 描 述
onUpgrade()	该方法是在数据库升级时调用的，主要用于建立或删除数据表，也可根据需求在该方法中做相应操作
onOpen()	当打开数据库时回调此方法，一般在程序中不常用该方法

扩展 2：Cursor 的常用方法有哪些?

Cursor 游标的常用方法如表 3-9 所示。

表 3-9　Cursor 游标的常用方法

方 法 名 称	方 法 描 述
getCount()	获得总的数据条数
isFirst()	判断是否为第一条记录
isLast()	判断是否为最后一条记录
moveToFirst()	移动到第一条记录
moveToLast()	移动到最后一条记录
move(int offset)	移动到指定记录
moveToNext()	移动到下一条记录
moveToPrevious()	移动到上一条记录
getColumnIndexOrThrow(String columnName)	根据列名称获得列索引
getInt(int columnIndex)	获得指定列索引的 int 类型值
getString(int columnIndex)	获得指定列索引的 String 类型值

经典面试6: Android 中常用的数据加密有哪些?

【答案说明】

1. Base64

通常将数据转换成二进制数据，例如，客户端通过 Base64 将图片转换成二进制数组

(byte[])，再转换成 String 类型，然后以 String 的形式发送至服务器。若服务器以 String 的形式将图片发送到客户端，则客户端需将 String 解析成二进制数据，再将二进制数组转换成图片。

2. AES 加密与 DES 加密

由于 DES 数据加密标准算法中密钥长度较小 (56 位)，已经不适应当今分布式开放网络对数据加密安全性的要求，因此 1997 年 NIST 公开征集新的数据加密标准，即 AES 高级加密标准（Advanced Encryption Standard）。AES 作为新一代的数据加密标准汇聚了强安全性、高性能、高效率、易用和灵活等优点，因此只需了解 AES 加密即可。

AES 算法主要包括 3 个方面：轮变化、圈数和密钥扩展。AES 是一个迭代的、对称密钥分组的密码，AES 加密数据块分组长度必须为 128 bit，密钥长度可以是 128 bit、192 it、256 bit 中的任意一个（如果数据块及密钥长度不足时，会补齐）。与公共密钥密码使用密钥对不同，对称密钥密码使用相同的密钥加密和解密数据。AES 算法是基于置换和代替的。置换是数据的重新排列，而代替是用一个单元数据替换另一个单元数组。AES 使用了几种不同的技术来实现置换和替换，加密过程中会进行很多轮的重复和变换。

3. RSA 加密

1977 年，三位数学家 Rivest、Shamir 和 Adleman 设计了一种算法，可以实现非对称加密。这种算法用他们三个人的名字命名，叫做 RSA 算法。RSA 是目前最具有影响力的公钥加密算法，该算法基于一个十分简单的数论事实：将两个大素数相乘十分容易，但对其乘积进行因式分解却极其困难，因此可以将乘积公开作为加密密钥，即公钥，而两个大素数则组合成私钥。公钥是可发布的供任何人使用，私钥则为自己所有，供解密之用。公钥和私钥的密码都是自动生成的，不可自己指定。该方法虽然加密速度慢一些，但是安全性很高。

【答题技巧】

这个问题主要考察面试者对市面上加密算法的了解程度，对于这个问题面试者需简单介绍几种加密算法，并结合项目着重介绍在项目中使用的加密算法。

【问题扩展】

扩展：MD5 算法。

MD5（Message-Digest Algorithm 5，信息 - 摘要算法 5）用于确保信息传输完整一致，

是计算机广泛使用的杂凑算法之一（又译摘要算法、哈希算法）。MD5 算法将数据（如汉字）运算为另一固定长度值，是杂凑算法的基础原理，MD5 的前身有 MD2、MD3 和 MD4。

MD5 算法具有以下特点：

(1) 压缩性：任意长度的数据，算出的 MD5 值的长度都是固定的。

(2) 容易计算：从原数据很容易计算出 MD5 值。

(3) 抗修改性：对原数据进行任何的一个细小改动，所得到的 MD5 值都有很大区别。

(4) 强抗碰撞：若想找到一个具有相同 MD5 值的数据（即伪造数据）是非常困难的。

(5) MD5 的作用是让大容量信息在用数字签名软件签署私人密钥前，被"压缩"成一种保密的格式（即把一个任意长度的字节串变换成一定长的十六进制数字串）。

MD5 算法的应用场景：

当用户登录时，系统把用户输入的密码计算成 MD5 值，然后去与保存在文件系统中的 MD5 值进行比较，进而确定输入的密码是否正确。通过这样的步骤，系统在并不知道用户密码的明码情况下，就可以确定用户登录系统的合法性。这不仅可以避免用户的密码被具有系统管理员权限的用户知道，而且还在一定程度上增加了密码被破解的难度。

3.7 网络交互的热点问题

互联网时代让信息传递变得无比迅速快捷，而"互联网+"时代更是让各个行业与互联网产生共鸣，网络在其中的重要作用便不言而喻。下面对网络通信的相关知识点进行详细的讲解。

经典面试 1：简述 HTTP 协议的特点。

【答案说明】

HTTP（Hyper Text Transfer Protocol，超文本传输协议）是一种请求/响应式的协议，客户端在与服务器端建立连接后，即可向服务器端发送请求，这种请求被称作 HTTP 请求，服务器端接收到请求后会做出响应，称为 HTTP 响应。客户端与服务器端在 HTTP 协议下的交互过程如图 3-9 所示。

从图 3-9 中可以清楚地看到客户端与服务器端使用 HTTP 协议通信的过程。HTTP 协议的特点总结如下：

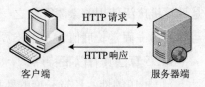

图 3-9 客户端与服务器的交互过程

1. 简单快速

客户端向服务器请求服务时，只需传送请求方式和路径。常用的请求方式有 GET、POST 等，每种方式规定了客户端与服务器联系的类型不同。由于 HTTP 协议简单，使得 HTTP 服务器的程序规模小，因而通信速度很快。

2. 灵活

HTTP 允许传输任意类型的数据，正在传输的数据类型由 Content-Type 加以标记。

3. 无状态

HTTP 协议是无状态协议。无状态是指协议对于事务处理没有记忆能力，如果后续处理需要前面的信息，则它必须重传，这样可能导致每次连接传送的数据量增大。

HTTP 协议是一种基于 TCP 协议的通讯协议。由于 TCP 协议提供传输控制，按顺序组织数据和错误纠正，因此 HTTP 协议使用 TCP 协议而不是 UDP 协议。

【问题扩展】

扩展：简述 HTTP 协议的请求头和状态码。

HTTP 请求一般包括请求的 Head 和请求的 Body，请求方式分为 GET、POST、PUT、DELETE。

常用的是 GET、POST 两种，请求头具体信息说明如表 3-10 所示。

表 3-10 HTTP 协议的请求头

请求头	说　　　明
Host	请求的域名，可以是 www 开头的万维网，也可以是 192.168.1.1:8080 这样的 IP+ 域名
Charset	字符集，如 ISO-8850-1.UTF-8，GBK 等
Connection	是否保持长连接，Keep-Alive 表示保持长连接
From 表单	是 POST 所必须和特有的，一般都放在请求的 Body 中
超时时间	作为网络没有响应的等待限制，超过时间会默认给客户端显示 Timeout 异常

所有 HTTP 请求成功后都会有状态码，HTTP 协议的大多数状态码无需记忆。接下来列举几个开发中比较常见的状态码，具体如下：

（1）200：表示服务器成功处理了客户端的请求。

（2）302：表示请求的资源临时从不同的 URI 响应请求，但请求者应继续使用原有位置进行以后的请求。例如，在请求重定向中，临时 URI 应该是响应的 Location 头字段所指向的资源。

（3）404：表示服务器找不到请求的资源。例如，访问服务器不存在的网页经常返回此状态码。

（4）500：表示服务器发生错误，无法处理客户端的请求。

■ 经典面试2：HTTP 如何进行请求与响应？

【答案说明】

除了网络游戏以外，基本上所有的网络应用都会用到 HTTP 请求，如在某个应用中的一些支付、数据获取、修改数据、图片展示、下载文件、版本更新等功能都用到了 HTTP 请求。下面针对 HTTP 请求与响应进行详细讲解。

（1）HTTP 请求，具体代码如下：

```
URL realUrl=new URL(requestUrl);
// 通过 HttpURLConnection 对象，向网络地址发送请求
HttpURLConnection conn=(HttpURLConnection)realUrl.openConnection();
conn.setDoOutput(true);              // 设置容许输出
conn.setUseCaches(false);            // 设置不使用缓存
conn.setRequestMethod("POST");       // 设置使用 POST 的方式发送
conn.setRequestProperty("Connection", "Keep-Alive");   // 设置维持长连接
conn.setRequestProperty("Charset", "UTF-8");           // 设置文件字符集
// 设置文件长度
conn.setRequestProperty("Content-Length",String.valueOf(data.length));
// 设置文件类型
conn.setRequestProperty("Content-Type","application/x-www-form-urlencoded");
conn.setConnectTimeout(6*1000);
```

（2）HTTP 响应，具体代码如下：

```
if(conn.getResponseCode()!=200) {
```

```
    throw new RuntimeException("请求url失败");
}
InputStream is=conn.getInputStream();          // 得到网络返回的输入流
String result=readData(is, "GBK");             // 设置解码格式
conn.disconnect();                             // 断开连接
```

经典面试3: POST 请求有几种形式?

【答案说明】

HTTP 协议中 POST 请求的形式有以下几种:

(1) 数据以表单的形式请求,该形式结构单一且烦琐。具体代码如下:

```
List<BasicNameValuePair> parameters=new ArrayList<BasicNameValuePair>();
for(Map.Entry<String,String> info : map.entrySet()) {
    String name=info.getKey();
    String value=info.getValue();
    BasicNameValuePair basicNameValuePair=new BasicNameValuePair(name,value);
    parameters.add(basicNameValuePair);
}
UrlEncodedFormEntity postEntity=new UrlEncodedFormEntity(parameters);
post.setEntity(postEntity);
```

(2) 数据以 JSON 字符串的形式请求,该形式比较灵活,开发中一般常用。具体代码如下:

```
// 养成良好习惯,一定要记得加上
post.addHeader("Content-Type", "application/json");
// 设置post的数据  key-value
post.setEntity(new StringEntity(jsonString));
```

(3) 数据以文件的形式请求,该形式使用 httpmime-4.3.jar+httpclient,主要处理单张或多张图片上传。具体代码如下:

```
// 单张图片
MultipartEntity entity=new MultipartEntity();
ContentBody contentBody=new FileBody(file);
entity.addPart("actimg",contentBody);
post.setEntity(entity);
```

```
// 多张图片
MultipartEntity postEntity=new MultipartEntity();
for (Map.Entry<String,File>info:fileMap.entrySet()) {
    String key=info.getKey();
    File file=info.getValue();
    ContentBody contentBody=new FileBody(file);
    postEntity.addPart(key,contentBody);// 其实多张图片就是多次 addPart
}
post.setEntity(postEntity);
```

注意：服务器判断以上 3 种请求有以下两种方式：

（1）与服务端人员协商好。

（2）根据 content-type 判断，客户端默认的请求头是 text/xml，服务器返回的为 xml 数据，若想让服务器返回 JSON 数据，则客户端需加请求头为 application/json。

■ 经典面试 4: 客户端与服务端如何使用 Socket 通信？

 【答案说明】

Socket 本身并不是协议，它只是对 TCP/IP 协议的封装，是一个调用接口（API）。通过 Socket 才能使用 TCP/IP 协议。在 TCP/IP 协议中主要有 Socket 类型的流套接字（StreamSocket）和数据报套接字（DatagramSocket）。流套接字将 TCP 作为其端对端协议，提供了一个可信赖的字节流服务。数据报套接字使用 UDP 协议，提供数据打包发送服务。下面介绍这两种 Socket 类型的基本实现原理。

1. 基于 TCP 协议的 Socket

服务器端首先需声明一个 ServerSocket 对象并指定端口号，然后调用 Serversocket 的 accept() 方法接收客户端的数据（Socket socket=serversocket.accept()）。accept() 方法在未进行数据接收时，处于堵塞状态；在接收到数据时，通过 InputStream 读取接收到的数据。

客户端需创建一个 Socket 对象，指定服务器端的 IP 地址和端口号（Socket socket=new Socket("172.168.10.234",8080);），通过 InputStream 读取数据，获取服务器发出的数据（OutputStream outputstream=socket.getOutputStream()），最后将要发送的数据写入到 OutputStream 中即可进行 TCP 协议的 Socket 数据传输。

2. 基于 UDP 协议的数据传输

服务器端首先创建一个 DatagramSocket 对象，并指定监听端口。下面创建一个空的

DatagramSocket 对象用于接收数据，具体代码如下：

```
byte data[]=new byte[1024]
DatagramSocket packet=new DatagramSocket(data,data.length)
```

然后调用 DatagramSocket 的 receive() 方法接收客户端发送的数据，receive() 方法与 ServerSocket 的 accept() 方法类似，在未进行数据接收时处于堵塞状态。

客户端也需创建一个 DatagramSocket 对象，并指定监听端口。然后创建一个 InetAddress 对象，该对象类似于一个网络的发送地址 (InetAddress serveraddress=InetAddress.getByName ("172.168.1.120"))。定义一个要发送的字符串，创建一个 DatagramPacket 对象，并将这个数据包发送到指定的网络地址与端口号，最后使用 DatagramSocket 对象的 send() 方法发送数据。

```
String str="hello";
bytedata[]=str.getByte();
DatagramPacket packet=new DatagramPacket(data,data.length,serveraddress,4567);
socket.send(packet);
```

应用程序在与服务器的交互中，一般使用 HTTP 通信方式居多。HTTP 与 Socket 最大的区别是：HTTP 连接使用的是"请求—响应方式"，即在请求时建立连接通道，当客户端向服务器发送请求后，服务器端才能向客户端返回数据。而 Socket 通信则是在双方建立连接后即可进行数据传输，在连接时可实现信息的主动推送，而不需要每次由客户端向服务器端发送请求。

【答题技巧】

该问题主要考察面试者对 Socket 的掌握程度，面试者遇到此问题时需要介绍一下 Socket 的概念与 TCP、UDP 的相关内容，然后结合 Socket 的应用场景（如聊天、支付等）进行详细讲解。

经典面试 5: 阐述一下你对 Volley 框架的理解。

【答案说明】

在开发过程中，如果程序需要与网络通信，一般使用 AsyncTaskLoader、HttpURLConnection、AsyncTask、HTTPClient (Apache) 等，但是在 2013 年 Google I/O

大会上推出了一个新的网络通信框架 Volley。Volley 是 Android 平台上的网络通信库，能使网络通信更快、更简单、更健壮。

Volley 框架中的主要类如表 3-11 所示。

表 3-11 Volley 框架中的主要类

类 名	说 明
Volley	创建并启动队列
Request	请求的抽象类
RequestQueue	请求队列
CacheDispatcher	缓存线程
NetworkDispatcher	网络线程
ResponseDelivery	返回结果分发接口
HttpStack	处理 HTTP 请求
Network	调用 HttpStack 处理请求
Cache	缓存请求结果

Volley 框架默认在 Android 2.3 及以上版本使用 HttpURLConnection 来完成网络操作，在 Android 2.3 以下版本使用 HttpClient 来完成网络操作。该框架提供了符合 HTTP 缓存语义的缓存机制（默认的磁盘和内存等缓存）、多样的取消机制以及简便的图片加载工具。该框架的网络请求队列是按优先级顺序处理的，当 Activity 退出时，会取消所有网络请求。

Volley 框架是把 AsyncHttpClient 与 Universal-Image-Loader 的优点集于一身，非常适合进行数据量不大，但通信频繁的网络操作。如果是数据量大的，如音频、视频等的传输，还是最好不要使用 Volley 框架。

经典面试 6: 如何使用 Volley 进行网络请求?

【答案说明】

Volley 框架中包含的请求类型如表 3-12 所示。

表 3-12　Volley 框架中的请求类型

请 求 类 型	说　　　明
StringRequest	返回字符串数据
JsonObjectRequest	返回 JSONObject 数据
JsonArrayRequest	返回 JSONArray 数据
ImageRequest	返回 Bitmap 类型数据

接下来，以 StringRequest 为例来演示 Volley 是如何请求数据的。

（1）首先需要获取到一个 RequestQueue 对象，具体代码如下：

```
RequestQueue mQueue=Volley.newRequestQueue(context);
```

注意：这里拿到的 RequestQueue 是一个请求队列对象，它可以缓存所有的 HTTP 请求，然后按照一定的算法并发地发出这些请求。由于 RequestQueue 内部的设计非常适合高并发的发出请求，因此只需创建一个 RequestQueue 对象即可。

（2）创建一个 StringRequest 对象

这个阶段创建了一个 StringRequest 对象，StringRequest 的构造函数需要传递三个参数，其中第一个参数是目标服务器的 URL 地址，第二个参数是服务器响应成功的回调，第三个参数是服务器响应失败的回调。

（3）将 StringRequest 对象添加到 RequestQueue 中，具体代码如下：

```
mQueue.add(stringRequest);
```

另外，由于 Volley 是要访问网络的，因此还需要在 AndroidManifest.xml 中添加如下权限：

```
<uses-permission android:name="android.permission.INTERNET" />
```

到此，一个最基本的网络请求的功能就完成了。

 【问题扩展】

扩展：如何指定 Volley 的请求类型为 POST？

一般情况下，HTTP 的请求类型通常有两种：GET 和 POST。Volley 默认发出的是 GET 请求，若想让 Volley 发出 POST 请求，则需要使用 StringRequest 提供的 4 个参数的构造函数，并指定第一个参数的请求类型为 POST，具体代码如下：

```
StringRequest stringRequest=new StringRequest(Method.POST,url,
                                successListener,errorListener) {
    @Override
    protected Map<String,String>getParams() throws AuthFailureError {
        Map<String,String>map=new HashMap<String,String>();
        map.put("params1","value1");
        map.put("params2","value2");
        return map;
    }
};
```

经典面试7： 如何使用 Volley 进行异步加载图片？

 【答案说明】

Volley 框架在请求网络图片方面也做了很多工作，该框架主要提供了 ImageLoader 类以及 NetworkImageView 控件来处理异步加载图片，下面着重介绍下这两种情况是如何加载图片的。

1. 使用 Volley 框架中的 ImageLoader 类来异步加载图片

ImageLoader 类的内部是使用 ImageRequest 类来实现的。在加载网络图片时，由于该类不仅对图片进行缓存，而且还可以过滤掉重复的链接，避免重复发送请求，因此它要比 ImageRequest 更加高效。

使用 ImageLoader 类加载网络图片的具体步骤如下：

（1）分别创建一个 RequestQueue、ImageCache、ImageLoader 对象。

（2）通过 ImageLoader 类获取一个 ImageListener 的对象。

（3）调用 ImageLoader 类的 get() 方法加载网络上的图片。

具体代码如下：

```
RequestQueue mRequestQueue=Volley.newRequestQueue(this);  // 创建 RequestQueue
// 创建 ImageCache
LruCache<String,Bitmap>mImageCache=new LruCache<String,Bitmap>(20);
ImageCache imageCache=new ImageCache() {
    @Override
```

```
    public void putBitmap(String key,Bitmap value) {
        mImageCache.put(key,value);
    }
    @Override
    public Bitmap getBitmap(String key) {
        return mImageCache.get(key);
    }
};
// 创建 ImageLoader 对象
ImageLoader mImageLoader=new ImageLoader(mRequestQueue,imageCache);
// 获取 ImageListener，第一个参数是一个 ImageView 实例，第二个参数是 ImageView
// 默认的图片，第三个参数是请求失败时的资源 id，可以指定为 0
ImageListener listener=ImageLoader.getImageListener(imageView,
android.R.drawable.ic_menu_rotate,android.R.drawable.ic_delete);
mImageLoader.get(imageUrl, listener); // 调用 ImageLoader 的 get() 方法加载网络上的图片
```

2. 使用 Volley 框架的 NetworkImageView 来异步加载图片

NetworkImageView 继承自 ImageView，是 Volley 框架中提供的一个全新且简单加载图片的控件，该控件可直接用于显示网络上的图片。

在布局文件中使用 NetworkImageView 控件具体代码如下：

```
<com.android.volley.toolbox.NetworkImageView
    android:id="@+id/network_image_view"
    android:layout_width="200dp"
    android:layout_height="200dp"
    android:layout_gravity="center_horizontal"  />
```

在 Java 代码中设置 NetworkImageView 控件加载网络图片，具体代码如下：

```
networkImageView=(NetworkImageView) findViewById(R.id.network_image_view);
// 设置加载中显示的图片
networkImageView.setDefaultImageResId(R.drawable.default_image);
// 设置加载失败时显示的图片
networkImageView.setErrorImageResId(R.drawable.failed_image);
// 设置目标图片的 URL 地址
networkImageView.setImageUrl(url,imageLoader);
```

第 4 章

Android 大神

本章重点介绍线程、多媒体、程序优化、异常处理、屏幕适配、第三方框架等热点问题，引领读者提前进入面试场景与工作过程，完成从菜鸟到大神的蜕变。

4.1 线程的热点问题

在 Android 开发中，运用程序的流畅性带给用户的高体验，线程处理机制具有至高地位的产品评价。一位有经验的开发者，必须掌握线程池的机制与运用、线程间通信机制等相关知识。下面针对线程的热点问题进行详细讲解。

■ **经典面试 1：** 线程间如何进行通信？

【答案说明】

当 Android 程序运行时，会创建一个 UI 线程用于处理 UI 事件，由于 Android 程序采用的是 UI 单线程模型，因此只能在 UI 线程中对界面元素进行操作，如果在非 UI 线程中直接对界面元素进行操作，则会报错。另外，对于运算量较大的操作和 I/O 操作，需要开启新线程来处理这些工作，避免阻塞 UI 线程，造成 ANR 异常。

由于网络状况具有不可预测性，因此在访问网络时有可能会造成主线程阻塞，并出现假死现象，影响用户体验。Android 4.0 以后，Android 不允许在主线程中访问网络，否则将会产生 NetworkOnMainThreadException 异常。如果想让子线程与主线程之间进行通信，则可以采用消息循环机制 Looper 与 Handler 进行处理。

在子线程与主线程通信的过程中，需要在主线中创建一个子线程用于完成耗时操作，操作完成后需发送一个 Handler 消息到主线程。同时在主线程中声明一个 Handler 并重写 handleMessgae() 方法来接收子线程发来的 Handler 消息以更新 UI。

【答题技巧】

这个问题主要考察面试者对线程间通信的理解。遇到该问题首先要说明 Android 开启多线程的原因，接着引出主线程与子线程间的通信机制。

经典面试 2: 请简述你对线程池的理解。

【答案说明】

在面向对象编程中，创建和销毁对象是很耗时的，因为创建一个对象要获取内存资源或者其他更多的资源。提高应用程序效率的一个手段就是尽可能减少对象创建和销毁的次数，特别是一些很耗资源对象的创建和销毁，此时便会用到线程池。

线程池是指在初始化一个多线程应用程序过程中创建的一个线程集合。线程池在任务未到来之前，会创建一定数量的线程放入空闲队列中。这些线程都是处于睡眠状态，即均为启动，不消耗 CPU，只是占用较小的内存空间。当请求到来之后，线程池给这次请求分配一个空闲线程，把请求传入此线程中运行，进行处理。当预先创建的线程都处于运行状态，即预制线程不够时，线程池可以自由创建一定数量的新线程，用于处理更多的请求。如果线程池中的最大线程数使用满了，则会抛出异常，拒绝请求。当系统比较清闲时，也可以通过移除一部分一直处于停用状态的线程。线程池中的每个线程都有可能被分配多个任务，一旦任务完成，线程回到线程池中并等待下一次分配任务。

使用线程池可以提升性能，减少 CPU 资源的消耗，同时还可以控制活动线程数量放置并发线程过多，避免内存消耗过度。

【答题技巧】

这个问题主要考察面试者对线程池的理解，针对这个问题我们要先说明一下线程池的概念、优点，然后结合项目讲述你是如何使用线程池的。

■ **经典面试3:** 如何创建线程池？

【答案说明】

创建线程池使用的是 ThreadPoolExecutor，ThreadPoolExecutor 作为 java.util.concurrent 包对外提供基础的实现，以内部线程池的形式对外提供管理任务执行、线程调度、线程池管理等服务。

创建线程池 ThreadPoolExecutor 最核心的构造方法如下：

```
public ThreadPoolExecutor(int corePoolSize,int maximumPoolSize,
                          long keepAliveTime,TimeUnit unit,
                          BlockingQueue<Runnable>workQueue,
                          ThreadFactory threadFactory,
                          RejectedExecutionHandler handler) {
}
```

上述构造方法中有 7 个参数，下面针对每个参数进行简要说明：

（1）corePoolSize：线程池维护线程的核心线程数。

（2）maximumPoolSize：线程池维护线程的最大数量。

（3）keepAliveTime：线程池维护线程所允许的空闲时间。

（4）unit：线程池维护线程所允许的空闲时间的单位。

（5）workQueue：线程池所使用的缓冲队列。

（6）threadFactory：新建线程工厂。

（7）handler：线程池对拒绝任务的处理策略。

4.2　多媒体的热点问题

媒体播放设备所展现的视觉冲击效果，往往能给用户带来沉浸式的感受，Android 系统在移动设备上不仅支持音频、视频的播放和录制，还支持绘制各种绚丽的图形，甚至支持很酷的动画效果。该领域的知识与运用模式在面试与工作过程中使用频次较高，以下面试题也能带给面试官沉浸式的感受。

■ 经典面试 1: Android 中有几种动画？

【答案说明】

Android 中动画有 3 种，分别是 Tween Animation（补间动画）、Frame Animation（帧动画）、Property Animation（属性动画）。

1. Tween Animation

Tween Animation（补间动画）是通过特定对象让视图组件展示出旋转、平移、缩放、改变透明度等一系列动画效果的过程，该动画不会改变原有控件的位置。根据动画效果的不同，补间动画又可分为旋转动画、平移动画、缩放动画、透明度渐变动画 4 种。

2. Frame Animation

Frame Animation（帧动画）是通过加载一系列的图片资源，按照顺序播放排列好的图片，该动画具有很大的灵活性，很适合展现比较细腻的动画，如电影。

3. Property Animation

Property Animation 是 Android 3.0 引入的一个新动画，Property Animation 和 Tween Animation 的使用基本没有区别，但是 Property Animation 可以改变控件的属性。另外，该动画为了兼容 Android 3.0 以下的版本可以使用 NineOldAndroids 类库。

■ 经典面试 2: Interpolator 动画篡改器如何使用？

【答案说明】

Interpolator 接口被用来修饰动画效果，定义动画的变化率，可以使存在的动画效果 accelerated（加速）、decelerated（减速）、repeated（重复）、bounced（弹跳）等，与 Interpolator 相关的类如表 4-1 所示。

表 4-1　与 Interpolator 相关的类

类　名	说　明
AccelerateDecelerateInterpolator	在动画开始与结束的地方速率改变比较慢，在中间时加速
AccelerateInterpolator	在动画开始的地方速率改变比较慢，然后开始加速
AnticipateInterpolator	开始时向后，然后向前甩
AnticipateOvershootInterpolator	开始时向后，然后向前甩一定值后返回最后的值
BounceInterpolator	动画结束时弹起
CycleInterpolator	动画循环播放特定的次数，速率改变沿着正弦曲线
DecelerateInterpolator	在动画开始的地方快，然后慢
LinearInterpolator	以常量速率改变
OvershootInterpolator	向前甩一定值后再回到原来位置

接下来使用 Interpolator 实现对动画的篡改，具体步骤如下：

（1）在 /res/anim/ 目录下创建一个 shake.xml 文件，用于定义一个动画，具体代码如下：

```
<translate xmlns:android="http://schemas.android.com/apk/res/android"
    android:duration="500"
    android:fromXDelta="0"
    android:interpolator="@anim/cycle_3"
    android:toXDelta="10" />
```

（2）在 /res/anim/ 目录下创建一个 cycle_3.xml 文件，用于指定动画循环播放的次数，具体代码如下：

```
<cycleInterpolator xmlns:android="http://schemas.android.com/apk/res/android"
    android:cycles="3" /><!-- 表示循环播放动画 3 次 -->
```

（3）在程序中添加该动画，具体代码如下：

```
Animation shake=AnimationUtils.loadAnimation(this, R.anim.shake);
et_phone.startAnimation(shake);
```

■ **经典面试 3:** Android 中有几种常见的视频播放方式?

【答案说明】

在 Android 系统中,我们常用自带的播放器、VideoView 控件、MediaPlayer 与 SurfaceView 来实现视频的播放,下面着重介绍这几种播放方式。

1. 使用自带的播放器

这种方式播放视频,主要是指定 Action 为 ACTION_VIEW、Data 为 Uri、Type 为 MIME 类型(MIME 类型就是设定某种扩展名的文件用一种应用程序来打开的方式类型,当该扩展名文件被访问时,浏览器会自动使用指定应用程序来打开)。具体代码如下:

Android 系统自带播放器,通过 Intent 设置 ACTION_VIEW 来调用系统的播放器,具体代码如下:

```
Uri uri=Uri.parse
    (Environment.getExternalStorageDirectory().getPath()+"/Test_Movie.m4v");
Intent intent=new Intent(Intent.ACTION_VIEW); // 调用系统自带的播放器
intent.setDataAndType(uri, "video/mp4");
startActivity(intent);
```

2. 使用 VideoView 控件播放视频

VideoView 控件需要与 MediaController 类相结合来播放视频。具体代码如下:

```
Uri uri=Uri.parse
    (Environment.getExternalStorageDirectory().getPath()+"/Test_Movie.m4v");
VideoView videoView=(VideoView)findViewById(R.id.video_view);
videoView.setMediaController(new MediaController(this));
videoView.setVideoURI(uri);
videoView.start();
videoView.requestFocus();
```

3. 使用 MediaPlayer 与 SurfaceView 播放视频

SurfaceView 可以直接从内存或者 DMA 等硬件接口中取得图像数据,是个非常重要的绘图容器。它可以在主线程之外的线程中向屏幕绘图,这样可以避免画图任务繁重时造成主线程阻塞,从而提高了程序的反应速度。在游戏开发以及视频播放中常用到 SurfaceView。

使用 MediaPlayer 与 SurfaceView 播放视频的步骤如下：

（1）创建 MediaPlyer 的对象，并让其加载指定的视频文件。

（2）在布局文件中定义 SurfaceView 组件，或在程序中创建 SurfaceView 组件，并为 SurfaceView 的 SurfaceHolder 添加 Callback 监听器。

（3）调用 MediaPlayer 对象的 setDisplay() 方法将所播放的视频图像输出到指定的 SurfaceView 组件。

（4）调用 MediaPlayer 对象的 start()、stop()、pause() 方法控制视频的播放状态。

经典面试 4：如何使用开源框架 Vitamio 播放视频？

【答案说明】

Vitamio 是一款 Android 平台上的多媒体开发框架，凭借其简洁易用的 API 接口赢得了全球众多开发者的青睐。Vitamio 能够流畅地播放 720P 与 1080P 高清 MKV、FLV、MP4、MOV、TS、RMVB 等常见格式的视频，还可以在 Android 系统上支持 MMS、RTSP、RTMP、HLS(m3u8) 等常见的流媒体协议，其中包括点播与直播。

Vitamio 支持 ARMv6 与 ARMv7 两种 ARM CPU，同时对 VFP、VFPv3、NEON 等指令集做了相应优化（Vitamio 支持 Android 2.1 及以上版本）。

配置及使用 Vitamio 的具体步骤如下：

（1）导入 Vitamio 框架，可以通过 File → Import → Android → Existing Android Code Into Workspace 来导入工程，然后改一下工程名称即可。

（2）将 VitamioBundle 工程作为 Android Library 引入工程使用，然后在清单文件中做相应的配置。具体代码如下：

```
<activity android:name="io.vov.vitamio.activity.InitActivity"
    android:configChanges="orientation|screenSize|smallestScreenSize
    |keyboard|keyboardHidden|navigation"
    android:launchMode="singleTop"
    android:theme="@android:style/Theme.NoTitleBar"
    android:windowSoftInputMode="stateAlwaysHidden" />
<!-- 服务 -->
<service android:name="io.vov.vitamio.VitamioService" android:exported="false" >
```

```
<intent-filter>
    <action android:name="io.vov.vitamio.IVitamioService" />
</intent-filter>
</service>
```

在使用 Vitamio 的过程中，可能涉及多个播放页面，如切换跳转全屏播放。如果从全屏播放页面回到上一个播放界面时，没有关闭播放器，则会导致 FileNotFoundException 异常。若检查播放地址没有问题，则需要在退出时调用 stopPlayback() 方法来释放资源，避免该异常。

4.3 机制的热点问题

在 Android 开发中，机制是必不可少的，占举足轻重的地位，因此作为一位开发者，掌握机制相关的技术是很有必要的。下面针对 Android 中常用的机制问题进行详细讲解。

■ **经典面试 1:** 简述你对 Handler 运行机制的理解。

【答案说明】

Handler 机制是事件驱动程序设计模型在 Android 开发中的应用，它与其他线程协同工作，接收其他线程的消息并通过该消息更新主线程的内容。

整个 Android Framework 都是基于 Handler 机制来运行的，如 App 响应点击事件、启动 Activity、更新界面等。在日常开发中，Handler 通常用于异步请求，如网络请求等，同时 Handler 也用于定时操作，发送定时消息。

Handler 机制包含 4 个主要对象：Message、MessageQueue、Looper 以及 Handler，他们的作用分别为：Message 是在线程之间传递的消息，MessageQueue 作为一个消息集合，用来存放 Runnable 和 Message；Looper 不停循环消息队列，只要有消息就从中取出。4 个对象各司其职，完成了线程之间的完美通信。如果想在自己的线程中创建 Handler 必须调用 Looper 的 prepare() 与 loop() 两个方法。下面通过一个图例来梳理整个 Handler 消息处理流程，如图 4-1 所示。

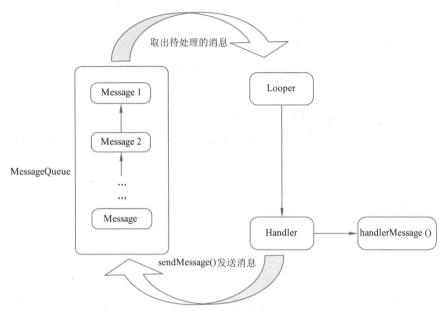

图 4-1　Handler 消息处理流程

从图 4-1 中可以清晰地看出整个 Handler 消息机制处理流程。Handler 消息处理首先需要在 UI 线程中创建一个 Handler 对象，然后在子线程中调用 Hanlder 的 sendMessage() 方法，接着这个消息会存放在 UI 线程的 MessageQueue 中，通过 Looper 对象取出 MessageQueue 中的消息，最后分发回 Hanlder 的 handleMessage() 方法中。

【答题技巧】

在回答 Handler 机制时，从 Handler 的作用说起，最后具体到 Handler 机制在日常开发中的应用，这样的回答理论与实际相结合就比较完善。

【问题扩展】

扩展：什么是事件驱动程序设计模型？

事件驱动模型典型的应用是在 GUI 系统中，GUI 系统中的应用程序要在不确定的时间里响应用户的 UI 事件。如果是传统的编程模型，应用程序必须有个线程去轮询 GUI 系统以便及时发现并处理消息，但这是非常浪费 CPU 资源的。

而事件驱动程序设计模型解决了这个问题，事件驱动程序模型有以下特点：

（1）有一个消息队列，存放消息。

（2）有一个轮询器，不停轮询消息队列，如果没有消息，那轮询器就会休眠。

（3）有消息实体，而且每个消息都与一个处理消息的 Handler 绑定。Handler 的生命周期都很短。

这样的话，在没有消息时 CPU 就不用空转，而有了消息之后再唤醒该线程。这样还有一个好处，就是这个线程不仅可以处理 UI 的事件，其他的事件同样可以发到该消息队列中。

经典面试 2: 请简述你对 AsyncTask 异步任务的理解。

【答案说明】

Android 提供了一个 AsyncTask 类专门用于处理异步问题，这个类主要是为耗时操作开辟一个新线程。AsyncTask 是一个抽象类，这个类是对 Thread 类的一个封装并加入了一些新的方法，该类（AsyncTask<Params,Progress,Result>）定义了 3 种泛型类型参数，分别是 Params、Progress 和 Result。

（1）Params：启动任务执行的输入参数，例如 HTTP 请求的 URL，任务执行器需要的数据类型。

（2）Progress：后台任务执行的百分比。

（3）Result：后台执行任务最终返回的结果，如 String、Integer 等。

注意：有些参数在不使用时可以设置为 Void，如 AsyncTask<Void, Void, Void>。

AsyncTask 类主要用到的内部回调函数有 onPreExecute()、doInBackground()、onProgressUpdate()、onPostExecute()。这几个回调函数构成了 AsynTask 类的使用逻辑结构。

（1）onPreExecute()：准备运行，该回调函数在任务被执行之后立即由 UI 线程调用，这个步骤通常用来完成在用户 UI 上显示进度条等相关的操作。

（2）doInBackground(Params...)：正在后台运行，该回调函数由后台线程在 onPreExecute() 方法执行结束后立即被调用，通常在这里执行耗时的后台计算，计算的结果必须由该函数返回，并被传递到 onPostExecute() 中处理。在该函数内也可以使用 publishProgress() 发布进度值，这些进度值将会在 onProgressUpdate() 中被接收并发布到 UI 线程。

（3）onProgressUpdate(Progress...)：进度更新，该函数由 UI 线程在 publishProgress() 方法调用后被调用，一般用于动态地更新一个进度条。

（4）onPostExecute(Result)：完成后台任务，后台计算结束后被调用，后台计算的结果作为参数传递给这一方法。

注意：AsyncTask 适用于小型的简单的异步处理，并且每个 AsyncTask 子类至少复写 doInBackground() 方法。

■ **经典面试3：** AsyncTask 与 Handler 的优缺点有哪些？

【答案说明】

Android 系统中之所以有 AsyncTask 和 Handler，是为了避免阻塞 UI 线程（主线程）工作。由于 UI 的更新只能在主线程中完成，因此异步处理是不可避免的。AsyncTask 与 Handler 都适用于简单的异步处理，相比之下 AsyncTask 更轻量级（只是代码上轻量一些，而实际上要比 Handler 更耗资源）。

AsyncTask 与 Handler 的优缺点如表 4-2 所示。

表 4-2　AsyncTask 与 Handler 的优缺点

类　　名	优　　点	缺　　点
AsyncTask	简单、快捷、过程可控	在使用多个异步操作并进行 UI 变更时，就会比较复杂
Handler	结构清晰、功能定义明确	在单个后台异步处理时，显得代码过多，结构过于复杂（相对性）

■ **经典面试4：** Android 中如何进行事件分发？

【答案说明】

很多 Android 开发者都遇到过手势冲突的情况，一般都是通过内部拦截和外部拦截来解决此类问题。若想明白该原理，则需要了解 View 的分发机制。首先了解 dispatchTouchEvent()、onInterceptTouchEvent()、onTouchEvent() 这 3 个方法。

dispatchTouchEvent() 方法是用于处理事件分发的，若事件能够传递到当前 View，则一定会调用该方法。View 中该方法的源码如下：

```
public boolean dispatchTouchEvent(Motion e){
```

```
    boolean result=false;
    if(onInterceptTouchEvent(e)){
    // 如果当前 View 截获事件，那么事件就会由当前 View 处理，即调用 onTouchEvent()
        result=onTouchEvent(e);
    }else{
        // 如果不截获，则交给其子 View 来分发
        result=child.dispatchTouchEvent(e);
    }
    return result;
}
```

接下来，通过一个图例对上述代码中的方法进行详细分析，如图 4-2 所示。

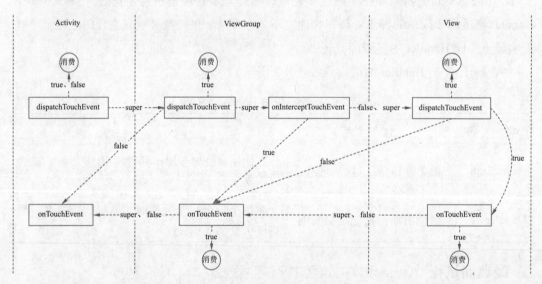

图 4-2　事件分发 U 型图

图 4-2 中，从左往右依次是 Activity、ViewGroup、View。

（1）事件从左侧的 Activity 中的 dispatchTouchEvent() 方法开始做事件分发；

（2）箭头中间的字代表方法的返回值（return true、return false、return super.×××××()），super 的意思是调用父类实现。

（3）onInterceptTouchEvent()：该方法是在 dispatchTouchEvent() 方法中调用，用于判断是否需要截获事件，若该方法返回为 true，则调用 onTouchEvent() 方法并消费该事件；若返回 false，则调用子 View 的 dispatchTouchEvent() 方法将事件交由子 View 来处理。

（4）onTouchEvent()：该方法也是在 dispatchTouchEvent() 方法中调用，用于处理点击事件，包括 ACTION_DOWN、ACTION_MOVE、ACTION_UP。若该方法返回为false，则表示不消费该事件，也不会截获接下来的事件序列。若返回为 true，则表示当前View 消费该事件。

以上事件通过一个例子来总结，爷爷有一个苹果，舍不得吃，给了爸爸，爸爸也舍不得吃，给了孙子（爸爸的儿子）。在这个过程中是都不拦截，向下分发。如果爷爷吃了，那就不分发，事件被拦截。同理，到了爸爸那一级也可以不分发、拦截。孙子只有两个决定，要么消费，要么回传。对应的例子就是吃掉它或者不吃。

经典面试 5：Android 中如何进行消息推送？

【答案说明】

消息推送是指从服务器端向客户端发送连接，传输一定的信息。推送技术是自动传送信息给用户，来减少用户在网络上的搜索时间。它主要是根据用户的兴趣来搜索、过滤信息，并将其定期推给用户，帮助用户高效地发掘有价值的信息。

消息推送的实现方式有两种，具体描述如下：

- 客户端使用 Pull（拉）的方式：这种方式是客户端隔一段时间去服务器上获取一下信息，看是否有最新信息。
- 服务器使用 Push（推送）的方式：这种方式是当服务器端有新信息时，服务器把最新信息推送到客户端上。

综上所述，Pull 方式不仅比较耗费客户端的网络流量和手机电量，同时还需要客户端不停地去监测服务器的变化，因此一般都采用 Push 方式去推送消息。

【问题扩展】

扩展 1：请简述消息推送的实现原理？

（1）轮询（Pull）方式

客户端定时向服务器发送询问消息，若服务器有变化，则立即同步消息。这种方式需要考虑轮询的频率，如果频率太低，则有可能导致某些消息延迟；如果频率太高，则会消耗大量网络带宽和电量。

（2）SMS（Push）方式

通过拦截 SMS 消息、解析消息内容来了解服务器的意图并采取相应操作。这个方案的优点是可以实现完全的实时操作，缺点是成本比较高并依赖于运营商。目前很难找到免费的短消息发送网关来实现这种方案。

（3）持久连接（Push）方式

客户端和服务器之间建立长久连接，这样可以实现消息的及时性和实时性。虽然这个方案可以解决由轮询带来的性能问题，但是还会消耗手机的电量。我们需要开启一个服务来保持和服务器端的持久连接，苹果和谷歌的 Cloud to Device Messaging（C2DM）就是这种机制。

对于 Android 系统而言，当系统可用资源较低时，系统会强制关闭我们的服务或应用，这种情况下连接会被强制中断（Apple 的推送服务之所以工作得很好，是因为每一台手机仅仅保持一个与服务器之间的连接）。事实上 C2DM 也是这么工作的，即所有的推送服务都是经由一个代理服务器完成的，这种情况下只需要和一台服务器保持持久连接即可。

相比而言，第三种方案是最可行的。可以为软件编写系统服务或开机自启功能，并且如果系统资源较低，服务被关闭后，可以在 onDestroy() 方法里面再重启该服务，进而实现持久连接。

扩展 2：如何进行友盟消息推送？

友盟是中国最大的移动开发者服务平台，为移动开发者提供免费的应用统计分析、社交分享、消息推送、自动更新、在线参数、移动推广效果分析、微社区等 App 开发和运营解决方案。具体步骤如下：

1. 添加 Module

首先把下载的 SDK 中的 PushSDK 当作 Module 导入自己的项目（Android Studio 作为开发工具）。注意：Android 6.0 以上的 API 编译需要在 PushSDK 中的 build.gradle 文件的 android{} 块内添加 useLibrary'org.apache.http.legacy'，并把 compileSdkVersion 的版本号改为 23。

2. 设置测试模式

在 Application 中的 onCreate() 方法中添加以下代码：

```
PushAgent mPushAgent=PushAgent.getInstance(this);
mPushAgent.setDebugMode(true);
```

3. 配置 AppKey（应用唯一标识）和 Umeng Message Secret

根据友盟提供的文档，配置清单文件，并确保和友盟后台注册的应用信息一致。

4. 开启推送服务并获取 Device Token

在与推送服务相关的 Activity 中添加以下代码：

```
PushAgent mPushAgent=PushAgent.getInstance(this);
mPushAgent.enable(); // 开启推送服务
if(mPushAgent.isEnabled()||UmengRegistrar.isRegistered(this)) {
    device_token=mPushAgent.getRegistrationId();
}
```

注意，需要在友盟后台添加测试 Token 才能进行推送测试，否则机器接收不到推送信息。

在所有 Activity 的 onCreate() 方法中添加开启统计，具体代码如下：

```
PushAgent.getInstance(context).onAppStart(); // 开启统计
```

注意：此方法与统计分析 SDK 中统计日活的方法无关，请务必调用此方法。

如果不调用此方法，不仅会导致按照"几天不活跃"条件来推送失效，还将导致广播发送不成功以及设备描述红色等问题发生。可以只在应用的主 Activity 中调用此方法，但是由于 SDK 的日志发送策略，有可能由于主 activity 的日志没有发送成功，而导致未统计到日活数据。

关闭推送服务的具体代码如下：

```
mPushAgent.disable(); // 关闭推送服务
```

5. 消息的接收

在 Application 的 onCreate() 方法中接收消息，具体代码如下：

```
UmengMessageHandler messageHandler=new UmengMessageHandler() {
    @Override
    public void dealWithCustomMessage(final Context context, final UMessage msg) {
        new Handler().post(new Runnable() {
            @Override
            public void run() {
                // 对自定义消息的处理方式，点击或者忽略
                boolean isClickOrDismissed=true;
```

```
            if(isClickOrDismissed) {
                //自定义消息的点击统计
                UTrack.getInstance(getApplicationContext()).trackMsgClick(msg);
            } else {
                //自定义消息的忽略统计
                UTrack.getInstance(getApplicationContext())
                                        .trackMsgDismissed(msg);
            }
        }
    });
    }
};
mPushAgent.setMessageHandler(messageHandler);
mPushAgent.enable();
```

经典面试6: 如何绘制 View ？

【答案说明】

任何一个视图都不可能凭空突然出现在屏幕上，它们都是经过非常科学的绘制流程后才能显示的。每一个视图的绘制过程都必须经过 3 个最主要的阶段，即测量 View 尺寸、确定 View 位置和绘制 View。

1. 测量 View 尺寸

测量 View 尺寸需要重写 onMeasure(int widthMeasureSpec, int heightMeasureSpec) 方法（这两个参数分别用于确定视图的宽度和高度的规格和大小），并调用 setMeasuredDimension() 或者 super.onMeasure() 方法来设置自身的 mMeasuredWidth 和 mMeasuredHeight 值，否则，就会抛出异常。

2. 确定 View 位置

确定 View 位置需要重写 onLayout() 方法，由于 View 的位置是由父类指定的，因此 onLayout() 方法是空实现，没有必要重写。在 ViewGroup 中，onLayout() 方法用于确定其所有子 View 的位置，各种布局的差异都在该方法中得到了体现，因此必须重写。

3. 绘制 View

绘制 View 需要重写 onDraw() 方法，onDraw() 方法是每个 View 用于绘制自身的实现方法。通过该方法可以先绘制 View 的背景、边框、视图、子视图等。

　【答题技巧】

在日常开发中，会遇到绘制 View 的问题，针对该问题，首先要讲述一下 View 的绘制过程，接着说明 onMeasure()、onLayout()、onDraw() 方法的作用，以及相互之间的关系。最后结合自己的项目，可以画图或者用例子去描述自己写过的 View。

■ 经典面试 7: 请简述你对 OAuth2 认证机制的理解。

【答案说明】

OAuth 是 Open Authorization 的简写，是一种得到第三方服务提供商的授权，并取得相应用户在第三方服务器上的数据的授权方式。

OAuth 协议为用户资源的授权提供了一个安全、开放而又简易的标准。允许第三方网站在用户授权的前提下访问用户在服务商那里存储的各种信息。这种授权无须将用户名和密码提供给第三方网站，而是让用户提供一个令牌给第三方网站，一个令牌对应一个特定的第三方网站，同时该令牌只能在特定的时间内访问特定的资源。

OAuth 2.0 是 OAuth 协议的升级版本，不兼容 OAuth 1.0。OAuth 认证和授权流程中涉及的三方包括服务商（用户使用服务的提供方）、用户（服务商的用户）和第三方（通常是网站或者 App）。接下来通过一个流程图来展示 OAuth 认证和授权的过程，如图 4-3 所示。

根据图 4-3 可知，OAuth 认证和授权的过程如下：

（1）用户访问第三方网站，想在第三方网站上对用户存放在某服务商的某些资源进行操作。

（2）第三方网站向服务商请求一个临时凭证。

（3）服务商验证第三方网站的身份后，授予一个临时凭证。

（4）第三方网站获得临时凭证后，将用户导向服务商的授权页面，请求用户授权，在这个过程中将临时凭证和第三方网站的返回地址发送给服务商。

（5）用户在服务商的授权页面上输入自己的用户名和密码，授权第三方网站访问相应的资源。

（6）授权成功后，服务商将用户导向第三方网站的返回地址。

（7）第三方网站根据临时凭证从服务商中获取访问令牌。

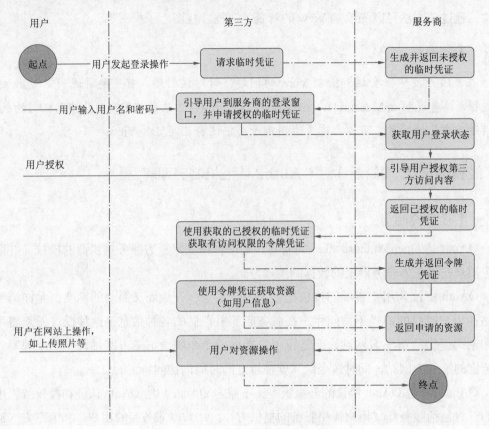

图 4-3　OAuth 认证和授权的过程

（8）服务商根据令牌和用户的授权情况，授予第三方网站访问令牌的权限。

（9）第三方网站使用获取到的访问令牌访问存放在服务商中相应的用户资源。

在 Android 开发过程中，接入微博、微信的第三方登录，获取对应微博、微信用户的某些信息等都有用到 OAuth 认证机制。

【答题技巧】

这个问题主要考察面试者对 OAuth 2.0 认证机制的理解，针对这个问题，首先说明 OAuth 2.0 协议、OAuth 2.0 的认证和授权流程，接着引出 OAuth 2.0 在项目中的使用。

【问题扩展】

扩展：以 QQ 为例，在 Android 工程中加入第三方登录的步骤。

（1）登录 QQ 开放平台，注册账号。

（2）创建一个 App，生成自己的 AppID 和 AppKey。

（3）下载 Android SDK。

（4）创建工程以及引用 SDK 源码文件。

（5）配置 AndroidManifest.xml 文件，创建实例。

（6）实现回调方法，最终实现第三方登录。

（7）QQ 第三方登录成功后，可以获取用户的昵称和用户头像，唯一的 openId 等，此时根据后台接口文档，使用这些第三方信息为用户完成注册。

经典面试8： 简述你对 AIDL 的理解。

【答案说明】

在 Android 中，出于安全性考虑，Android 系统中的进程之间不能共享内存，每个应用都执行在自己的进程中，无法直接调用其他应用的资源。为了使应用程序之间能够彼此通信，Android 提供了 IPC（Inter Process Communication，进程间通信）的一种独特实现：AIDL（Android Interface Definition Language，Android 接口定义语言）。

AIDL 是一种 Android 内部进程间通信接口的描述语言，通过它可以定义进程间的通信接口。AIDL 的语法与 Java 的接口语法类似，在编写 AIDL 时需要注意以下几项：

（1）接口名与 AIDL 文件名必须相同。

（2）客户端和服务端的 AIDL 接口文件所在的包名必须相同。

（3）接口和方法前不能加访问权限修饰符，如 public、private、protected 等，也不能用 final、static。

（4）AIDL 默认支持的类型包括 Java 基本类型（int、long、boolean、String 等），以及 List、Map、CharSequence，使用这些类型时不需要用 import 声明。

（5）对于 List 和 Map 而言，其泛型元素的类型必须是 AIDL 支持的类型。

（6）如果使用自定义类型作为参数或返回值，则自定义类型必须实现 Parcelable 接口。

（7）在 AIDL 文件中所有非 Java 基本类型参数必须加上 in、out、inout 标记，用于指明参数是输入参数、输出参数还是输入输出参数，Java 原始类型默认的标记为 in，不能为其他标记。

（8）自定义类型和 AIDL 即使在同一个包下，生成的其他接口类型在 AIDL 描述文件中也需要显示 import。

（9）需要一个 Service 类进行配合。

【问题扩展】

扩展：举例说明如何使用 AIDL 进行进程间通信？

假设 A 应用与 B 应用需要进行通信，A 应用需调用 B 应用中的 download(String path) 方法，B 应用需要以 Service 方式向 A 应用提供服务，实现进程间通信。一般需要以下几个步骤：

1. 创建 AIDL 文件

在 B 应用中创建一个 *.aidl 文件，在 cn.itcast.aidl 包下创建一个 IDownloadService.aidl 文件，具体代码如下：

```
package cn.itcast.aidl;
interface IDownloadService {
    void download(String path);
}
```

当完成 AIDL 文件创建后，Eclipse 会自动在项目的 gen 目录中同步生成一个 IDownloadService.java 文件。该文件中生成一个 Stub 抽象类，该抽象类中包括 AIDL 定义的方法和一些其他辅助方法。由于远程服务返回给客户端的对象为代理对象，客户端在 onServiceConnected(ComponentName name,IBinder service) 方法中引用该对象时不能直接强制转换成接口类型的实例，因此使用 asInterface(IBinder iBinder) 方法进行类型转换。

2. 实现 AIDL 文件生成的接口

在 B 应用中实现 IDownloadService.aidl 文件生成的接口，该过程是通过继承接口中的抽象类 Stub 来实现（Stub 抽象类内部实现了 AIDL 接口）的，而并非直接实现接口。具体代码如下：

```
public class ServiceBinder extends IDownloadService.Stub {
    @Override
    public void download(String path) throws RemoteException {
    }
}
```

3. 创建一个 Service 服务

在 B 应用中创建一个 Service 服务，在服务的 onBind() 方法中返回实现了 AIDL 接口的对象 ServiceBinder。

4. 其他应用访问 DownloadService 服务

其他应用可以通过隐式意图访问 DownloadService 服务，意图的动作可以在 AndroidManifest.xml 文件中进行配置。具体配置如下：

```
<service android:name=".DownloadService" >
    <intent-filter>
        <action android:name="cn.itcast.process.aidl.DownloadService" />
    </intent-filter>
</service>
```

5. 实现 A、B 应用的通信

把 B 应用中 AIDL 文件所在的包与 AIDL 文件一起复制到客户端 A 应用中，Eclipse 会自动在 A 应用的 gen 目录中为 AIDL 文件同步生成 IDownloadService.java 接口文件，接下来就可以在 A 应用中实现与 B 应用通信。

4.4 优化的热点问题

一个经过代码优化的流畅、敏捷的 App 会在同一批上线的 App 中脱颖而出，受到更多用户的青睐。一位有经验的开发者必须掌握 ListView 优化、布局优化、内存优化等相关知识。下面针对代码优化进行详细讲解。

经典面试 1: 如何优化 ListView 控件？

【答案说明】

在 Android 开发中，ListView 是比较常用的控件，它以列表的形式显示具体内容。为了提高该控件用户的体验，我们通常会对 ListView 控件进行优化，如复用 convertView、定义存储控件引用类 ViewHolder、数据的分批及分页加载、对图片的处理、多个类型的 Item 处理等。下面介绍几种优化。

1. 复用 convertView

在 getView() 方法中，系统为我们提供了一个复用 View 的历史缓存对象 convertView。在滑动 ListView 列表时，每一个 Item 的显示都会创建一个新的 View 对象，该过程是非常耗费内存的，因此为了节约内存，可以在 convertView 不为 null 时对其进行复用。

2. 定义存储控件引用类 ViewHolder

在加载 Item 布局时，会使用 findViewById() 方法找到 Item 布局中的各个控件，在每一次加载新的 Item 数据时都会进行控件寻找，这样也会产生耗时操作。为了进一步优化 ListView 减少耗时操作，可以将要加载的子 View 放在 ViewHolder 类中，当第一次创建 convertView 时将这些控件找出，在第二次重用 convertView 时便可直接通过 convertView 中的 getTag() 方法获得这些控件。

3. 数据的分批及分页加载

当有一万条数据要显示在 ListView 界面上时，如果将这些数据加载到内存中，则比较消耗内存。下面介绍两种解决方法。

（1）分批加载，主要是把每次请求服务器返回的固定条数的数据显示在 ListView 的页面中。当列表下拉到底部时，会获取一批数据显示到界面上。

（2）分页加载，固定每页需要加载数据的条数，然后把每页获取的数据显示到界面上。

综上所述，分批加载原理与分页加载原理相同，并且都优化了内存空间，不同在于分批加载需判断 ListView 是否下拉到底部，然后再加载数据，有个刷新的过程。

4. 图片的处理

如果在自定义 Item 中涉及图片，一定要对图片进行优化。优化图片的方法如下：

（1）要用 WeakReference（使用 WeakReference 代替强引用）来存储与获取图片信息。

（2）当获取到图片时，要对图片进行边界压缩才能存放到内存中。

（3）在 getView() 方法中做图片转换时，产生的中间变量一定要及时释放。

【答题技巧】

在 Android 开发中，优化 ListView 控件是我们经常遇到的问题，针对该问题，首先要阐述一下为什么要优化 ListView 控件，然后引出优化的几种方法，最后详细说明每种优化方法能解决的问题。

【问题扩展】

扩展：ListView 除了基本的优化还有哪些优化？

ListView 除了上述最基本的优化方式以外，还有以下几种优化：

1. 尽量避免在 BaseAdapter 中使用 static 来定义全局变量

static 是 Java 中的一个关键字，若用它来修饰成员变量时，则该变量就属于该类，而不是该类的实例。所以用 static 修饰的变量，它的生命周期是很长的，如果用它来引用一些资源耗费过多实例（如 Context 的情况最多），这时就要尽量避免使用了。

2. 避免在 ListView 适配器中使用线程

由于线程的生命周期是不可控制的，容易产生内存泄漏，因此尽量避免在 ListView 适配器中使用线程。

经典面试 2: Android 中如何优化布局?

【答案说明】

在 Android 应用程序中，为了程序流畅地运行、快速地响应以及用户体验的提升，需要对布局进行优化，布局优化有以下几种：

1. 抽取布局中的相同部分

为了实现布局模块化，抽取出相同的布局，便于后续在其他布局中用 <include> 标签引用。<include> 标签的 layout 属性是用于指定需要包含的布局文件，同时也可以定义 android:id 和 android:layout_* 属性来覆盖被引入布局根结点的对应属性值。

2. <merge> 标签的使用

在多次使用 <include> 标签后可能会导致布局嵌套过多，造成多个不必要的 Layout 结点，从而使布局解析变慢。此时如果适当地使用 <merge> 标签，可以减少多余的布局嵌套，提高界面填充速度。<merge> 标签用于以下两种典型的情况：

（1）当布局中的顶结点是 FrameLayout 且该结点不需要设置 background 或 padding 等属性时，可以用 <merge> 标签代替，因为 Activity 内容视图的父视图就是个 FrameLayout，所以可以用 <merge> 标签消除多余的 FrameLayout，使其在主布局中只有一个 FrameLayout。

（2）某布局作为子布局被其他布局用 <include> 标签引用时，使用 <merge> 标签作为该布局的顶结点，这样该布局在被 <include> 标签引用时，顶结点会自动被忽略，而将其子结点合并到主布局中，从而减少了一层布局嵌套。

3. 使用 ViewStub 实现延迟加载

ViewStub 是一个隐藏的，不占用内存空间的视图对象，它可以在运行时延迟加载布局资源文件。当 ViewStub 可见或者调用 inflate() 方法时，才会加载这个布局资源文件，ViewStub 的布局参数会随着加载的视图一同被添加到 ViewStub 父容器中。因此可以使用

ViewStub 延迟加载某些比较复杂的布局文件,提升布局加载速度。

4. 去除不必要的嵌套和 View 结点

由于 RelativeLayout 可以简单实现 LinearLayout 嵌套才能实现的布局,且性能相对较好,因此在布局中尽量使用 RelativeLayout 代替 LinearLayout。对于不使用的结点可设置为 GONE 或者使用 ViewStub。如果需要使用 inflate() 方法加载布局,则第一次加载后可以直接缓存该布局并使用全局变量代替局部变量,避免下次使用到此 View 时需要再次调用 inflate() 方法,减少对性能和时间的消耗。

 【问题扩展】

扩展 1:布局嵌套过深可能会造成哪些问题?

填充布局是一个开销巨大的过程,过多的布局层次,会导致界面加载速度和响应速度变得很慢,并且由于布局层数太深,还可能会导致程序崩溃,报出堆栈溢出这样的错误,如图 4-4 所示。

```
dalvikvm                     threadid=1: thread exiting with uncaught exception (group=0x40015560)
AndroidRuntime               FATAL EXCEPTION: main
AndroidRuntime               java.lang.StackOverflowError
AndroidRuntime               at android.text.StaticLayout.generate(StaticLayout.java:580)
AndroidRuntime               at android.text.StaticLayout.<init>(StaticLayout.java:97)
AndroidRuntime               at android.text.StaticLayout.<init>(StaticLayout.java:54)
AndroidRuntime               at android.text.StaticLayout.<init>(StaticLayout.java:45)
AndroidRuntime               at android.widget.TextView.makeNewLayout(TextView.java:5165)
AndroidRuntime               at android.widget.TextView.onMeasure(TextView.java:5430)
AndroidRuntime               at android.view.View.measure(View.java:8594)
AndroidRuntime               at android.view.ViewGroup.measureChildWithMargins(ViewGroup.java:3152)
```

图 4-4　堆栈溢出的 Log 图

一般情况下,推荐布局嵌套的层级限制为 10 层以下。填充额外的 View 也需要花费时间和资源,为了最大限度地提高应用程序的响应速度,布局包含的 View 个数不应该超过 80 个,如果超过这个限制,则填充布局消耗的时间将成为一个显著的问题。

扩展 2:如何使用 Hierarchy Viewer 布局调优工具?

Hierarchy Viewer 是随 Android SDK 发布的工具,位于 Android SDK 目录下的 tools 文件夹中。Hierarchy Viewer 可以方便地查看 Activity 的布局,也可以查看各个 View 在 measure、layout、draw 过程中所耗费的时间。如果耗时较多则用红色标记,耗时较少则用绿色标记。通过此工具,我们可以非常方便地分析自己的页面布局层级,优化布局结构,提高布局填充速度和响应速度。

■ 经典面试3: Android 中有哪些引用?

【答案说明】

在 JDK 1.2 以前的版本中,若一个对象不被任何变量引用,则程序就无法再使用这个对象。从 JDK 1.2 版本开始,把对象的引用分为 4 种级别,从而使程序能更加灵活地控制对象的生命周期。这 4 种级别由高到低依次为 Strong Reference(强引用)、Soft Reference(软引用)、Weak Reference(弱引用)和 Phantom Reference(虚引用)。

1. 强引用

一般情况下强引用是使用最普遍的引用,若内存中的对象具有强引用时,即使内存不足,宁可抛异常 OOM 使程序终止,垃圾回收器也不会回收它;若内存中的对象不再有任何强引用时,则垃圾回收器开始考虑可能要对此内存进行垃圾回收。

2. 软引用

软引用可用于实现内存敏感的高速缓存,也可以和一个引用队列(ReferenceQueue)联合使用。当一个对象只具有软引用时,如果内存空间足够,则垃圾回收器就不会回收它;如果内存空间不足,则垃圾回收器就会回收该对象的内存。如果软引用所引用的对象被垃圾回收器回收,则 Java 虚拟机就会把这个软引用加入到与之关联的引用队列中。

3. 弱引用

与软引用相比,弱引用具有更短暂的生命周期,在垃圾回收器线程扫描它所管辖的内存区域的过程中,一旦发现了只具有弱引用的对象,不管当前内存空间是否足够,都会回收它的内存。不过,由于垃圾回收器是一个优先级很低的线程,因此不一定会很快发现那些只具有弱引用的对象。

弱引用可以和一个引用队列(ReferenceQueue)联合使用,如果弱引用所引用的对象被垃圾回收,Java 虚拟机就会把这个弱引用加入到与之关联的引用队列中。

4. 虚引用

"虚引用"顾名思义,就是形同虚设,主要用于跟踪对象被垃圾回收器回收的活动。与其他几种引用不同的是,虚引用并不会决定对象的生命周期,并且必须与引用队列(ReferenceQueue)联合使用。当垃圾回收器准备回收一个对象时,如果发现它还有虚引用,就会在回收对象的内存之前,把这个虚引用加入到与之关联的引用队列中。程序可以通过判断引用队列中是否已经加入了虚引用，来了解被引用的对象是否将要被垃圾回收。如果程序发现某个虚引用已经被加入到引用队列，那么就可以在所引用的对象的内存被回收之前采取必要的行动。

在 Android 应用的开发中，为了防止内存溢出，在处理一些占用内存大而且声明周期较长的对象时，可以尽量应用软引用和弱引用技术。

【答题技巧】

这个问题主要考察面试者对 Android 中引用的了解程度，针对这个问题回答时，需要给面试官讲一下 Android 下的几个引用对象的概念以及它们之间的区别和应用场景。

■ 经典面试 4: 如何处理网络图片产生的 OOM 异常？

【答案说明】

每个 Android 应用程序运行时都有一定的内存限制，限制大小视平台而定，各手机开发厂商的标准都不相同，因此在开发应用时需要特别关注自身的内存使用量，否则就容易出现内存溢出，即 OOM 异常。常见的 OOM 异常主要是由程序中图片过多过大引起的，Android 程序中有好多处理图片的框架，如 ImageLoader、Fresco 等。

如果 Android 手机为每个应用分配的内存空间大小为 16 MB，当前有一张图片大小仅为 1 MB，但是其规格为总像素数 =3648×2736=9 980 928，图片占用空间 = 总像素数 × 像素的单位 =9 980 928×2bytes=19 961 856 bytes=19 MB>16 MB，则加载此图片会出现 OOM 内存溢出，Android 中加载的图片的颜色模式及所对应的像素单位如表 4-3 所示。

表 4-3　颜色模式及所对应的像素单位

颜色模式	像素的单位	颜色模式	像素的单位
ALPHA_8	1 bytes	RGB_565	2 bytes
ARGB_4444	2 bytes	ARGB_8888	4 bytes

根据以上加载图片出现 OOM 异常的原因，我们需要对加载的图片进行以下几个方面的处理：

1. 调整图片大小

每个 Android 手机屏幕尺寸有限，分配给图像的显示区域本身也就更小，图像大小可以做适当调整。例如一个手机屏幕宽和高 =320×480，一个图片的宽和高 =3 648×2 736，计算图片的缩放比时，宽度缩放比例 =3 648/320=11，高度缩放比例 =2 736/480=5，缩放后的图片宽度为 3 648/11=331，高度为 2 736/11=248，缩放后图片的大小为 331×248=882 088×2 B=160 KB。

在程序中，调整图片的大小需要通过设置 Options 的 inJustDecodeBounds 属性为 true，将图片的 width 和 height 属性读取出来。我们可以利用这些属性对 Bitmap 进行压缩，同时通过 Options.inSampleSize 属性可以设置图片的压缩比。

2. 及时回收不用的图片资源

及时回收不用的图片资源，如果引用了大量的 Bitmap 对象，而应用中又不需要同时显示所有图片，因此可以将暂时不用的 Bitmap 对象及时回收掉。回收 Bitmap 对象的具体代码如下：

```
public void releaseImage() {
    if(null!=bitmap) {
        bitmap.recycle();
        bitmap=null;
    }
}
```

3. 缓存图片到内存中

在 Android 应用程序中，有一个 LruCache 类专门用于处理图片缓存。该类的一个特点是当缓存的图片达到了预先设定的值时，则该类内部会根据最近最少使用的算法，移除最近使用次数最少的图片，以达到防止 OOM 溢出的目的。这个预先设定的值是允许当前内存分配给图片使用的最大内存空间，这个内存空间的大小是根据项目实际需求自行定义的，但一般设置为内存的 1/8。

获取应用内存的大小的具体代码如下：

```
int MAXMEMONRY=(int)(Runtime.getRuntime().maxMemory()/1024);
```

【答题技巧】

OOM 异常是 Android 开发中经常遇到的问题，该问题主要考察面试者对 OOM 异常的理解与处理。针对这个问题，回答时首先要说明为什么图片会引起 OOM 异常，然后讲一下你在工作中是如何处理图片来避免 OOM 异常的。

■ **经典面试 5:** 如何检测应用的内存泄露？

我们在开发 Android 程序时，始终要把内存问题充分考虑在内，虽然 Android 系统拥有垃圾自动回收机制，但这并不代表可以完全忽略分配或释放内存。如何检测应用是否内存泄漏？下面详细介绍常用的检测内存泄漏的工具及插件 MAT。

1. 检测内存泄漏的工具 DDMS-Heap

如果想知道当前程序使用内存的详细信息，需要通过 DDMS 中提供的 Heap 视图来查看。首先打开 DDMS 透视图，在左侧面板中选择要观察的应用进程，然后点击 Update Head 按钮，接着在右侧面板中的 Heap 视图后连续点击 Cause GC 按钮来实时地观察程序内存的使用信息。该工具如图 4-5 所示。

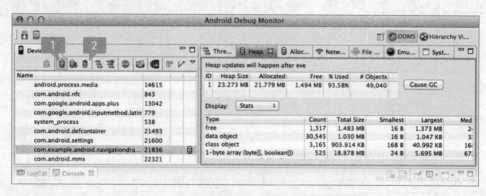

图 4-5　检测内存泄漏的工具 DDMS-Heap

如果当你反复操作应用中的某一功能时，程序内存持续增高，则说明处理该功能的地方很有可能发生内存泄漏。

2. 检测内存泄漏的工具插件 MAT

通过以上学习的 DDMS 工具的使用，我们可以很容易地发现程序中是否存在内存泄漏，如果出现了内存泄漏，要如何具体定位到问题所在处？这就需要借助一个内存分析工具 Memory Analyzer Tool（MAT）。这个工具分为插件版和独立版两种，如果使用的是 Eclipse 工具，则使用插件版 MAT 比较方便；如果使用的是 Android Studio 工具，则使用独立版的 MAT 比较方便。

在 DDMS 工具中，MAT 并不会准确地知道哪里发生了内存泄漏，而是会提供一大堆的数据和线索，我们需要分析这些数据来判断是否真的发生了内存泄漏。在开发中，比较常用的分析方式有两种，一种是 Histogram，它可以列出内存中每个对象的名字、数量以及大小；另一种是 Dominator Tree，会将所有内存中的对象按大小进行排序，并且可以分析对象之间的引用结构。这两种分析工具类似，都是分析内存占用越高的对象就越值得怀疑。

MAT 虽然可以帮助我们找出大部分内存泄漏的原因，但还需要我们对程序的代码有足够的了解，知道对象是否存活以及存活的原因，然后再结合 MAT 给出的数据进行具体分析，这样才可能把一些隐藏比较深的原因找出来。

【答题技巧】

这个问题主要考察面试者对 DDMS 检测内存泄漏工具的熟悉程度，回答此问题时需首先说明一下检测内存泄漏的工具 DDMS-Heap，接着介绍使用工具插件 MAT 分析内存泄漏的具体原因在哪里。

经典面试 6: 如何解决内存泄露的问题？

【答案说明】

Android 主要应用在嵌入式设备中，而嵌入式设备通常都不会有很高的配置，特别是内存比较有限。在程序中，如果有过多的垃圾内存没有及时回收，则容易产生内存泄漏。处理内存泄漏有以下几点：

1. 使用单例模式

当创建一个单例时，如果传递的是 Activity 的 Context，则该 Context 与 Activity 的生命周期一样长。由于单例对象持有该 Activity 的引用，因此当该 Activity 退出时它的内存并不会被回收，容易引起内存泄漏。如果传递 Application 的 Context，则单例对象的生命周期和 Application 一样长，就不会出现内存泄漏的问题。

2. 避免在非静态内部类中创建静态实例

在 Java 中，如果在非静态内部类中创建静态实例，则该非静态内部类会持有其外部类的隐式引用，如果存储该引用，则会导致对应的 Activity 不被垃圾回收机制回收。若将该内部类设为静态内部类或抽取出来封装成一个单例，则不会出现内存泄漏的问题。

3. 及时关闭不使用的对象

当不使用资源性对象如 Cursor、File 文件时，需要及时关闭，以便及时回收它们所占用的内存。如果我们仅仅把它们的引用设置为null,而不关闭它们,就容易造成内存泄漏。

4. 及时回收 ThreadLocal 绑定的对象

当不再使用 ThreadLocal 时，我们需要调用 remove() 或 set(null) 方法使 ThreadLocal 绑定的对象能及时被回收，避免产生内存泄漏的问题。

5. 及时回收内存与有效利用已有对象

在 Android 开发过程中，对于没有及时回收的内存，或是没有有效利用已有的对象，则容易造成内存泄漏。例如，使用过的 Bitmap 对象没有及时调用 recycle() 方法释放内存，构造 Adapter 时没有使用缓存的 convertView 对象。

【答题技巧】

引起内存泄漏的原因比较多，这个问题没有准确的答案，但总的来说内存泄漏产生的主要原因是没有及时回收不再使用的对象的引用。因此在回答这个问题时，首先要说明内存泄漏主要由什么引起的，接着引出如何处理这些内存泄漏。

4.5 JNI 的热点问题

JNI 是 Java 与 C/C++ 之间沟通的桥梁，从而使开发者可以更灵活运用 Java 语言实现更炫的效果。本节针对 JNI 的调用进行讲解，帮助读者深入了解 JNI 的热点问题。

■ **经典面试 1:** 阐述你对 JNI 的理解。

【答案说明】

JNI（Java Native Interface，Java 本地接口）是一个协议，是用来沟通 Java 代码和 C/C++ 代码的，是 Java 和 C/C++ 之间的桥梁。通过 JNI 协议，Java 可以调用外部 C/C++ 中定义好的函数库，外部的 C/C++ 也可以调用 Java 中封装好的类和方法。

实际开发中的驱动都是用 C 开发的，通过 JNI，Java 就可以调用 C 开发好的驱动，从而扩展 Java 虚拟机的能力。另外，在高效率的数学运算、游戏的实时渲染、音频视频的编解码上，一般都是用 C 来编写的，Java 可通过 JNI 来调用 C 编写好的高效率的代码。C 语言 70 年代就出现了，经过这么长时间的发展，C 代码中封装了很多非常好的函数库，通过 JNI，Java 就可以直接调用这些 C 代码的函数库。

■ 经典面试 2：如何进行 JNI 调用？

【答案说明】

JNI 调用之前需要下载并安装 NDK 开发工具（NDK 是本地开发工具集，内部包含了交叉工具链，用于将 C 代码编译成 .so 文件，供 Java 代码调用），然后配置好 NDK 开发工具。JNI 调用整体的执行步骤如下：

（1）创建一个 Android 工程，在 Java 代码中声明一个 native 方法。具体代码如下：

```
public class TestHelloActivity extents Activity {
    public native String sayHello();
        …
}
```

（2）使用 javah 命令生成带有 native 方法的头文件。具体代码如下：

```
1 javah com.xxx.xxx.TestHelloActivity
```

注意：JDK1.7 需要在工程的 src 目录下执行上面命令，JDK 1.6 需要在工程的 bin/classes 目录下执行上面命令。

（3）在该 Android 工程中创建 JNI 目录，并在 JNI 目录中创建一个 Hello.c 文件，根据头文件实现 C 代码。写 C 代码时，结构体 JNIEnv* 对象和 jobject 对象很重要，在实现的 C 代码的方法中必须传入这两个对象。具体代码如下：

```
jstring Java_com_xxx_xxx_TestHelloActivity_sayHello(JNIEnv* env,jobject obj) {
    //jstring (*NewStringUTF)(JNIEnv*,const char*);
    char* text="Hello from c!";
    return(**env).NewStringUTF(env,text);
}
```

（4）在 JNI 的目录下创建一个 Android.mk 文件，并根据需要编写里面的内容。具体代码如下：

```
# LOCAL_PATH 是所要编译的 C 文件的根目录，右边的赋值代表根目录即为 Android.mk 所在的目录
LOCAL_PATH:= $(call my-dir)
# 在使用 NDK 编译工具时对编译环境中所用到的全局变量清零
include $(CLEAR_VARS)
```

```
#最后生成库时的名字的一部分
LOCAL_MODULE:=hello
#要被编译的 C 文件的文件名
LOCAL_SRC_FILES:=Hello.c
#NDK 编译时会生成一些共享库
include $(BUILD_SHARED_LIBRARY)
```

（5）在工程的根目录下执行 ndk-build 命令，编译 .so 文件。

（6）在调用 Native() 方法前，加载 .so 的库文件，具体代码如下：

```
System.loadLibrary("hello");
```

（文件名与 Android.mk 中的 LOCAL_MODULE 属性指定的值相同）

完成以上步骤之后，在 Java 代码中调用 native() 方法时，工程就会自动去找 .so 文件中对应实现的 C 代码。

4.6 异常的热点问题

在上线的 App 中，出现异常会给用户一个不好的体验，瞬间让用户对此产品失去信心。如何减少并解决这些异常问题？下面进行详细讲解。

■ **经典面试 1：** 如何捕获全局异常？

【答案说明】

在 Android 项目开发时，如果程序出错了，会弹出一个强制退出的对话框，用户体验非常差。虽然我们在发布程序时总会经过仔细的测试，但是难免会碰到预料不到的错误。全局异常捕获可以帮助开发者及时获取在目标设备上导致崩溃的相关信息，这对于下一个版本的 Bug 修复帮助极大，而且开发者还可以在全局异常捕获时做某些处理，如在发生异常时重启 App，提升用户体验。接下来着重介绍如何进行全局异常捕获。

进行全局异常捕获需要以下几个步骤：

（1）创建一个 CrashHandler 类，实现 UncaughtExceptionHandler 接口中的 uncaughtException() 方法。

（2）在 Application 中将 CrashHandler 类注册为默认的全局异常捕获器。

（3）捕获到全局异常后，可以在 uncaughtException() 方法中进行一些处理来帮助开发者定位问题，提升用户体验。例如，在捕获到异常后重启 App、收集用户的相关信息、上传到服务器等。

经典面试 2: 如何避免 ANR 异常？

【答案说明】

在 Android 设备上，如果你的应用程序出现了无响应的现象，则系统会向用户显示一个对话框，这个对话框称作应用程序无响应（Application Not Responding, ANR）对话框。用户可以选择让程序继续运行，也可以选择"强制关闭"。这种 ANR 对话框的出现严重影响用户体验，一个良好的程序是不允许出现 ANR 的，为了避免出现这种情况，在程序中对响应性能的设计很重要。

ANR 一般分为如下 3 类：

（1）KeyDispatchTimeout(5 seconds)：按键或触摸事件在特定时间内无响应（主要类型）。

（2）BroadcastTimeout(10 seconds)：BroadcastReceiver 在特定时间内无法处理完成。

（3）ServiceTimeout(20 seconds)：Service 在特定的时间内无法处理完成（小概率类型）。

为了避免出现 ANR 异常，在程序设计时应注意以下 3 点：

（1）避免在主线程中进行复杂耗时的操作，如发送或接收网络数据、进行大量计算、操作数据库、读写文件等。

（2）避免在 BroadCastReceiver 中进行复杂操作，若必须在 BroadCastReceiver 中进行复杂操作，则可以在 onReceive() 方法中启动一个 Service 来处理。

（3）在设计与代码编写阶段避免出现同步、死锁以及错误处理不恰当等情况。

【问题扩展】

扩展：增强响应灵敏性。

一般来说，在应用程序里，100 ~ 200 ms 是用户能感知阻滞的时间阈值。因此，这里有一些额外的技巧来避免 ANR，并有助于让你的应用程序看起来有响应性。如果你的应用程序为响应用户输入正在后台工作的话，可以显示工作的进度（ProgressBar 和 ProgressDialog 对这种情况来说很有用）。如果你的应用程序有一个耗时的初始化过程的话，可以考虑显示一个 Splash Screen 或者快速显示主画面并异步来填充这些信息。在这两种情况下，都应该显示正在进行的进度，以免用户认为应用程序被冻结。

经典面试 3: 如何测试应用程序？

【答案说明】

在 Android 开发过程中，为了降低程序的错误率，需要不断地进行测试。如果公司没有专门的测试人员，需要开发人员了解 Android 测试，Android 测试分为单元测试和 Monkey 测试。

1. JUnit 单元测试

JUnit 实际上是 Android 自带的测试工具，它是 Android SDK 1.5 加入的自动化测试功能，需要通过配置清单文件和创建测试类的方式来实现。针对项目中的接口、数据库、工具类进行测试，提高代码质量。JUnit 单元测试既可以嵌入到项目中，也可作为一个单独的项目。

程序出现错误时，JUnit 窗口中的条目是红色，并且还会显示测试方法运行的时间。此时点击出错的方法，会将错误定位到源代码中的某行代码，这样可以清楚地看到是哪一处代码出错，对修改 Bug 有很大帮助。

JUnit 单元测试不需要关注控制层，当业务层逻辑写好之后就可以进行单独测试，确保没有 Bug 之后由控制层直接调用即可，应用简单、方便，并且可以加快程序的开发速度。

2. Monkey 测试

Monkey 是 Android 中的自动化测试工具，当 Monkey 程序在模拟器或真实设备运行时，程序会产生一定数量或一定时间内的随机模拟用户操作的事件，如点击、按键、手势等，以及一些系统级别的事件，通常也称随机测试或者稳定性测试。通过多次并且不同设定下的 Monkey 测试才算是一个稳定性足够的程序。

（1）Monkey 的特征

测试的对象仅为应用程序包，有一定的局限性，该测试使用的事件流、数据流是随机的，不能进行自定义，可对 MonkeyTest 的对象、事件数量、类型、频率等进行设置。

（2）Monkey 的基本用法

Monkey 的基本语法如下：

```
$ adb shell monkey[options]
```

如果不指定 options，Monkey 将以无反馈模式启动，并把事件任意发送到安装在目标环境中的全部包。下面是一个更为典型的命令行示例，它启动指定的应用程序，并向其发送 500 个伪随机事件：

```
$ adb shell monkey -p your.package.name -v 500
```

Monkey Test 执行过程中在下列 3 种情况下会自动停止：

① 如果限定了 Monkey 运行在一个或几个特定的包上，那么它会监测试图转到其他包的操作，并对其进行阻止。

② 如果应用程序崩溃或接收到任何失控异常，Monkey 将停止并报错。

③ 如果应用程序产生了 ANR 异常，Monkey 将会停止并报错。

【答题技巧】

针对该问题，面试者能够简要描述 Android 端常用的几种测试方式并能详细说出一种测试。

4.7 第三方框架的热点问题

在 Android 开发中，如果在 App 上添加一些第三方框架如在线支付、百度地图等功能，会给用户一个酷炫的感受。在面试中遇到第三方框架的问题该如何回答？下面针对这些问题进行详细讲解。

经典面试 1： 如何使用支付宝进行支付？

【答案说明】

支付宝是阿里公司的产品，目前支付宝使用比较广泛。支付宝支付的流程如下：

1. 与支付宝商户签约

一般是由公司运营部与支付宝商户进行签约。

2. 秘钥配置

一般是程序员协助运营部门完成秘钥的配置（公钥互换），秘钥配置的重要对象代码如下：

```
// 合作身份者 ID, 以 2088 开头由 16 位纯数字组成的字符串
public static final String ALIPAY_PartnerID="";
// 商户签约支付宝账号
public static final String ALIPAY_SellerID="";
// 商户的私钥 (MD5)
public static final String ALIPAY_MD5_KEY="";
// 商户私钥 (RSA), 用户自动生成
public static final String ALIPAY_PartnerPrivKey="";
// 支付宝公钥, Demo 中有支付宝公钥值, 无需修改该值
public static final String ALIPAY_PubKey="";
```

3. 集成支付宝

集成支付宝的过程必须由程序员去做, 具体步骤如下:

（1）下载 SDK/Demo/ 文档。

（2）尝试运行支付宝 Demo。

注意: 若在运行中出现了错误, 则有可能是因缺少运行必须的合作身份者 Id DEFAULT_PARTNER（以 2088 开头的 16 位纯数字）和收款支付宝账号 DEFAULT_SELLER 这两个配置。

接下来程序员需要参照支付宝 Demo 中的支付流程以及使用规则文档做以下操作:

（1）在所做的支付项目中, 添加一个 alipay-sdk-common/alipaySdk-xxxxxxxx.jar（如 alipaySdk-20160825.jar）的 jar 包。

（2）在项目中创建一个 Activty 用于做支付操作, 并在项目的 AndroidManifest.xml 文件里面添加如下声明:

```
<activity
    android:name="com.alipay.sdk.app.H5PayActivity"
    android:configChanges="orientation|keyboardHidden|navigation"
    android:exported="false"
    android:screenOrientation="behind" >
</activity>
<activity
    android:name="com.alipay.sdk.auth.AuthActivity"
    android:configChanges="orientation|keyboardHidden|navigation"
    android:exported="false"
```

```
    android:screenOrientation="behind" >
</activity>
```

权限声明：

```
<uses-permission android:name="android.permission.INTERNET" />
<uses-permission android:name="android.permission.ACCESS_NETWORK_STATE" />
<uses-permission android:name="android.permission.ACCESS_WIFI_STATE" />
<uses-permission android:name="android.permission.READ_PHONE_STATE" />
<uses-permission android:name="android.permission.WRITE_EXTERNAL_STORAGE"/>
```

（3）添加混淆规则，即在项目的 proguard-project.txt 里添加以下相关规则：

```
-libraryjars libs/alipaySDK-20150602.jar
-keep class com.alipay.android.app.IAlixPay{*;}
-keep class com.alipay.android.app.IAlixPay$Stub{*;}
-keep class com.alipay.android.app.IRemoteServiceCallback{*;}
-keep class com.alipay.android.app.IRemoteServiceCallback$Stub{*;}
-keep class com.alipay.sdk.app.PayTask{ public *;}
-keep class com.alipay.sdk.app.AuthTask{ public *;}
```

（4）按照支付宝规定的格式拼接支付信息，调用服务端的接口发 POST 请求到自己公司的服务器，公司的服务器会给客户端返回加密后的支付串码。

（5）客户端拿着加密后的支付串码，调用支付宝服务器提供的接口。调用支付宝服务器接口的具体代码如下：

```
final String orderInfo=info;
Runnable payRunnable=new Runnable() {
    @Override
    public void run() {
        PayTask alipay=new PayTask(DemoActivity.this);
        String result=alipay.payV2(orderInfo,true);
        Message msg=new Message();
        msg.what=SDK_PAY_FLAG;
        msg.obj=result;
        mHandler.sendMessage(msg);
    }
};
Thread payThread=new Thread(payRunnable);
payThread.start();
```

（6）运用 Handler 消息机制处理支付结果，具体代码如下：

```
PayResult payResult=new PayResult((String) msg.obj);
String resultStatus=payResult.getResultStatus();
if(TextUtils.equals(resultStatus,"9000")) {
    payOk();// 支付成功可以调到订单界面
} else {
    if(TextUtils.equals(resultStatus,"8000")) {
        Toast.makeText(AppActivity.this," 支付结果确认中 ",
                                        Toast.LENGTH_SHORT).show();
    } else {
        payFail();// 支付失败，可以弹出对话框进行重复支付
    }
}
```

在回答支付宝支付时，需要注意以下两点：

（1）支付串码在支付宝支付时相当于订单信息。

（2）为了不暴露我们的私有秘钥（private key），我们应该把支付串码加密的过程放到服务端来做，这时服务端需要给客户端开一个接口，用于加密支付串码。客户端按照支付宝规定的格式拼接支付串码，然后调用服务端提供的为支付串码加密的接口来给支付串码加密，这样客户端才可拿到加密后的支付串码。

■ **经典面试 2:** 如何使用微信进行支付？

【答案说明】

微信支付是由腾讯公司推出的，目前该支付使用比较广泛，微信支付的流程具体有以下几点：

1. 获取 access_token

公司服务器向微信服务器发起请求，获取一个 access_token。在微信公众平台接口开发中，access_token 相当于进入各种接口的钥匙，拿到这个钥匙后才有调用各种特殊接口的权限。

2. 生成预支付订单

后台服务器获取 access_token 后，再次向微信服务器发送请求，获取一个预支付 Id（prepayId）。

注意：为了安全起见，微信支付的第（1）、（2）步是由服务端来实现的。客户端只需要关注以下第（3）、（4）步即可。

3. 调用微信支付

定义一个微信支付的封装对象，具体代码如下：

```
/**
 * 这个对象是自己封装的与微信支付的 SDK 没关系
 */
public class WXPayData {
    private String sign_method;
    private String timestamp;
    private String noncestr;
    private String partnerid;
    private String app_signature;
    private String prepayid;
    private String package1;
    private String appid;
}
```

核心支付方法的具体代码如下：

```
private void sendPayReq(WXPayData info) {
    api=WXAPIFactory.createWXAPI(this,info.getAppid());
    PayReq req=new PayReq();
    req.appId=info.getAppid();
    req.partnerId=info.getPartnerid();
    req.prepayId=info.getPrepayid();// 预支付 Id
    req.nonceStr=info.getNoncestr();//32 位内的随机串，防重发
    // 时间戳为 1970 年 1 月 1 日 00:00 到请求发起时间的秒数
    req.timeStamp=String.valueOf(info.getTimestamp());
    req.packageValue=info.getPackage1();
    req.sign=info.getApp_signature();
    // 在支付之前，如果应用没有注册到微信，应该先调用 IWXMsg.registerApp 将应用注册到微信
    api.sendReq(req);
}
```

4. 处理支付结果

微信支付的回调是在 "net.sourceforge.simcpux.wxapi.WXPayEntryActivity.class" 文件

中，具体代码如下：

```
@Override
public void onResp(BaseResp resp) {
    Log.d(TAG,"onPayFinish,errCode=" + resp.errCode);
        if (resp.getType()==ConstantsAPI.COMMAND_PAY_BY_WX) {
            AlertDialog.Builder builder=new AlertDialog.Builder(this);
            builder.setTitle(R.string.app_tip);
            builder.setMessage(getString(R.string.pay_result_callback_msg,
                                    String.valueOf(resp.errCode)));
            builder.show();
        }
}
```

上述回调方法 onResp(BaseResp resp) 中 errCode 的值如表 4-4 所示。

表 4-4　errCode 的值

errCode 的值	描　　述	解决方案
0	成功	展示成功页面
-1	错误	可能的原因：签名错误、未注册 AppID、项目设置 AppID 不正确、注册的 AppID 与设置的不匹配、其他异常等
-2	用户取消	无须处理。发生场景：用户不支付了，点击取消，返回 App

■ **经典面试 3:** 如何使用银联进行支付？

【答案说明】

　　银联支付主要是客户用银行卡、信用卡进行支付，该支付只需要一个交易流水号即可，并且银联强制要求生产支付串码的过程必须由公司服务端来做。在银联支付的过程中，会经过银联支付集成与测试模式两个过程。

　　1. 银联支付集成形式

　　银联支付集成形式分为内嵌 APK 形式与新版本的 .so 库形式，具体介绍如下：

　　（1）内嵌 APK 形式

　　把银联支付的一个集成的 APK 放在项目的 assets 目录下。

（2）新版本 .so 库形式

在 libs 文件夹下创建的 armeabi、armeabi-v7a、mips、x86 文件夹中，分别放入一个 libentryex.so 文件。

2. 银联支付模式

银联支付模式分为测试模式和正式模式。

（1）测试模式

在正式支付之前，银联会给我们提供 1 个测试环境与 1 个测试账号和密码。

（2）正式模式

用真实的账号 / 密码进行支付操作。

银联支付的支付流程如下：

1. 添加 .so 文件

在 libs 文件夹下添加 libentryex.so 文件。

2. 添加 Activity 配置

在清单文件中添加支付相关的 Activity 配置，具体代码如下：

```
<activity
    android:name="com.unionpay.uppay.PayActivityEx"
    android:configChanges="orientation|keyboardHidden|screenSize"
    android:excludeFromRecents="true"
    android:label="@string/app_name"
    android:screenOrientation="portrait"
    android:windowSoftInputMode="adjustResize" />
<activity
    android:name="com.unionpay.uppay.PayActivity"
    android:configChanges="orientation|keyboardHidden|screenSize"
    android:excludeFromRecents="true"
    android:screenOrientation="portrait" />
```

3. 添加权限

在清单文件中需要添加如下权限：

```
<uses-permission android:name="android.permission.CHANGE_NETWORK_STATE" />
<uses-permission android:name="android.permission.WRITE_EXTERNAL_STORAGE" />
<uses-permission android:name="android.permission.READ_PHONE_STATE" />
```

4. 调用核心的支付方法

调用核心的支付方法 startPayByJAR() 完成支付，具体代码如下：

```
// 打印拿到的支付串码
System.out.println("alipayVerifyKey:" + alipayVerifyKey);
// 调用第三方服务，完成支付。该方法中的最后一个参数若为 "00" 表示银联正式环境，若为 "01" 表示银联
// 测试环境，该环境中不发生真实交易
UPPayAssistEx.startPayByJAR(MainActivity.this,PayActivity.class,null,null,
                                          alipayVerifyKey,"00");
```

5. 处理支付结果

在 onActivityResult() 方法中处理支付返回的结果，具体代码如下：

```
/**--------------- 银联处理支付结果 ----------------**/
protected void onActivityResult(int requestCode,int resultCode,Intent data) {
    if(data==null) {
        return;
    }
    String msg="";
    /*
    * 支付控件返回字符串 :success、fail、cancel 分别代表支付成功、支付失败、支付取消
    */
    String str=data.getExtras().getString("pay_result");
    if(str.equalsIgnoreCase("success")) {
        msg=" 支付成功！ ";
    } else if(str.equalsIgnoreCase("fail")) {
        msg=" 支付失败！ ";
    } else if(str.equalsIgnoreCase("cancel")) {
        msg=" 用户取消了支付 ";
    }
    AlertDialog.Builder builder=new AlertDialog.Builder(this);
    builder.setTitle(" 支付结果通知 ");
    builder.setMessage(msg);
    builder.setInverseBackgroundForced(true);
    builder.setNegativeButton(" 确定 ",new DialogInterface.OnClickListener() {
        @Override
        public void onClick(DialogInterface dialog,int which) {
            dialog.dismiss();
```

```
        }
    });
    builder.create().show();
}
```

■ **经典面试 4:** 如何使用百度地图?

【答案说明】

　　百度地图移动版 API(Android)是一套基于 Android 设备的应用程序接口。通过该接口,可以轻松访问百度服务和数据, 构建功能丰富、交互性强的地图应用程序。百度地图移动版 API 不仅包含构建地图的基本接口, 还提供了本地搜索、路线规划、地图定位等数据服务。下面着重介绍百度地图中的图层、覆盖物、搜索、定位等信息。

　　1. 百度地图图层

　　百度地图 SDK 提供的基础地图和上面的各种覆盖物元素, 具有一定的层级压盖关系,具体如(从下至上的顺序): 基础底图(包括底图、底图道路、卫星图等)、瓦片图层(TileOverlay)、地形图图层(GroundOverlay)、热力图图层(HeatMap)、实时路况图图层、百度城市热力图、底图标注(指的是底图上面自带的那些 POI 元素)、自定义 View 等。

　　2. 覆盖物

　　百度地图所包含的信息有建筑物、道路、河流、学校、公园等内容。所有叠加或覆盖到地图的内容, 统称为地图覆盖物。覆盖物拥有自己的地理坐标, 当拖动或缩放地图时,它们会相应的移动。覆盖物包括本地覆盖物和搜索覆盖物。

　　3. 搜索

　　搜索出来的结果是覆盖物, 然后把覆盖物添加到地图图层中。搜索服务包括位置检索、周边检索、范围检索、公交检索、驾乘检索、步行检索。其中位置检索、周边检索、范围检索是基于点的搜索, 核心类是 PoiSearch 和 OnGetPoiSearchResultListener;公交检索、驾乘检索、步行检索是基于路线的搜索, 核心类是 RoutePlanSearch 和 OnGetRoutePlanResultListener。

　　注意: OnGetPoiSearchResultListener 以最后一次设置为准, 结合覆盖物展示搜索。

　　4. 定位

　　定位是通过百度地图提供的 API 功能, 能获取到用户当前所在的位置。在获取用户位置时，优先使用 GPS 进行定位。如果 GPS 定位没有打开或者没有可用位置信息，则会判断网络是否连接（即确认手机是否能上网，不论是连接 2G/3G/4G 或 Wi-Fi 网络），如果是，则通过请求百度网络定位服务，返回网络定位结果。为了使获得的网络定位结果更加精确，请保持网络流畅。

定位获得的经纬度信息是经过加密处理的，定位有以下 3 种实现方式：

（1）基站定位：200 m 左右，处于垄断地位（移动、联通、电信）。

（2）GPS 定位：10 m 左右，必须在室外并且能够搜索到 3 颗以上 GPS 定位。

（3）Wi-Fi 定位：40 m 左右，在数据库的表中有 Mac 地址和 Mac 对应的 Location（经纬度）。

【答题技巧】

百度地图是一个相对而言比较热门的话题，遇到这个问题要先从介绍百度地图的作用，再描述百度地图的图层、覆盖物、搜索、定位等相关信息，最后介绍百度地图在项目中的运用。

经典面试 5: 什么是 REST ？

【答案说明】

REST（REpresentational State Transfer，表述性状态转移）是 Roy Thomas Fielding 博士在他的博士论文中提出的一种软件架构风格。REST 从资源的角度来观察整个网络，分布在各处的资源由 URI 确定，对资源的操作包括获取、创建、修改和删除资源，这些操作正好对应 HTTP 协议提供的 GET、POST、PUT 和 DELETE 方法，REST 通过操作资源的表现形式来操作资源。

资源的表现形式有 XML、HTML、JSON 文件等。

REST 的优点如下：

（1）可以利用缓存 Cache 来提高响应速度。

（2）通信本身的无状态性可以让不同的服务器处理一系列请求中的不同请求，提高服务器的扩展性。

（3）浏览器即可作为客户端，简化软件需求。

（4）相对于其他叠加在 HTTP 协议之上的机制，REST 的软件依赖性更小。

（5）不需要额外的资源发现机制。

（6）在软件技术演进中的长期兼容性更好。

REST 的缺点如下：

（1）在复杂的应用中，构造的 URL 会很长，影响对 URL 的理解。

（2）REST 不能支持事务。

（3）在安全应用中，REST 方式先天不足，需要后期策略补救。

（4）由于 REST 是一种架构风格，不是一个标准，加上每个人理解的差异，造成 REST 不能很好地统一，规范较困难。

【问题扩展】

扩展 1：什么是 RESTful Web Service？

RESTful Web Service（又称 RESTful Web API）是一个使用 HTTP 并符合 REST 原则的 Web 服务。通过 URL 在表单中指定 method="GET|POST" 来发出请求，但我们如何处理 PUT 或 DELETE 请求呢？下面通过 RESTful，用一个简单的 URI 来定义两个资源并与 HTTP 方法配合使用，具体如表 4-5 所示。

表 4-5　Resource 与 HTTP 方法的对应

资　　　源	资源说明	GET	PUT	POST	DELETE
http://www.cnblogs.com/Products	Products 是一组资源组合	列出该组资源集合中每个资源的详细信息	更新当前整组资源	新增或附加一个新资源	删除整组资源
http://www.cnblogs.com/Products/1	Products/1 是单个资源	取得指定资源的详细信息	更新或新增指定的资源	新增或附加一个新元素	删除单个元素

以上表格与数据库表格中的操作特别类似，进入一个数据库表格的首页（通常是列表），此页面会有新增、更新、删除、详细等链接，如果想做什么操作，就点相应的链接。在 RESTful 中每个资源都有自己独立的 URI，客户端从资源集合或单个资源开始进入，不管是资源集合或单个资源，我们都能与 HTTP 方法配合使用。

扩展 2：请简述 URI 与资源的关系？

URI 与资源的关系有以下几点：

（1）URI 既是资源的名称也是资源的地址。

（2）一个资源至少有一个 URI，而一个 URI 只能指示一个资源。

（3）同一资源具有多个 URI，虽然能让引用变得更加容易，但是将产生"稀释效应"，客户端无法自动验证它们是指向同一个资源的。

经典面试 6: 简述你对 RxJava 框架的理解？

【答案说明】

RxJava 是一个响应式的编程框架，也是 ReactiveX 在 Java 上的开源实现。ReactiveX 是一个专注于异步编程与控制可观察数据（或者事件）流的 API。RxJava 可以轻松处理不同运行环境下的后台线程或 UI 线程任务的框架。RxJava 的异步是通过一种扩展的观察者模式来实现的。

RxJava 的主要类有 Observable（观察者）和 Subscriber（订阅者）。其中 Observable 是一个发出数据流或事件的类，一个 Observable 的标准流会发出一个或多个 Item。Subscriber 是一个对 Observable 发出的 Items（数据流或者事件）进行处理（采取行动）的类。

Observable 与 Observer 之间是通过 subscribe() 方法实现订阅关系的。一个 Observable 可以有多个 Subscribers，并且通过 Observable 发出的每一个 Item 将会被发送到 Subscriber. onNext() 方法中进行处理。一旦 Observable 不再发出 Items，它将会调用 Subscriber. onCompleted() 方法，或如果有一个出错的话 Observable 会调用 Subscriber.onError() 方法。Observable 与 Observer 之间的执行过程中有 onNext()、onCompleted()、onError() 3 个方法，这 3 个方法的作用具体如下：

（1）onNext()：RxJava 的事件回调方法，针对普通事件。

（2）onCompleted()：事件队列完结。RxJava 不仅把每个事件单独处理，还会把它们看作一个队列。RxJava 规定，当不会再有新的 onNext() 方法发出时，则需要触发 onCompleted() 方法作为标志。

（3）onError()：事件队列异常。在事件处理过程中出现异常时，onError() 会被触发，同时队列自动终止，不允许再有事件发出。

在一个正确运行的事件序列中，onCompleted() 和 onError() 方法有且只有一个，并且是事件序列中的最后一个。需要注意的是 onCompleted() 和 onError() 方法二者也是互斥的，即只能在队列中调用其中一个。

■ **经典面试 7:** 简述你对 Retrofit 库的理解？

【答案说明】

Retrofit 是 Square 公司开发的一个适用于 Android 与 Java 的网络请求库，Retrofit 使用注解能极大地简化网络请求。在其 2.0 版本时，默认使用 Square 公司的 OkHttp 框架作为底层 HttpClient，需要注意的是使用 Retrofit 的前提是服务器端代码必须遵循 REST 规范。

Retrofit 库有以下几个优点：

（1）性能最好，处理最快。

（2）使用 REST API 时非常方便。

（3）传输层默认使用 OkHttp 框架。

（4）支持 NIO，同时也支持 URL 参数替换和查询参数。

（5）返回结果可转换为 Java 对象（JSON 字符串或 Protocol BuffersProtocol）。

（6）支持 Multipart 请求和文件上传。

Retrofit 在使用时，将网络请求转变为 Java Interface 的形式，Interface 要获得实例需要调用 getLocation() 方法，也需要创建一个 Retrofit.Builder() 对象来配置 Retrofit 对象，再通过 retrofit.create(final Class<T> service) 方法获取接口的实例。Retrofit 的具体使用步骤如下：

（1）在 build.gradle 文件中配置所需要的库，具体代码如下：

```
Gson:com.squareup.retrofit2:converter-gson:2.0.2

Jackson:com.squareup.retrofit2:converter-jackson:2.0.2

Moshi:com.squareup.retrofit2:converter-moshi:2.0.2

Protobuf:com.squareup.retrofit2:converter-protobuf:2.0.2

Wire:com.squareup.retrofit2:converter-wire:2.0.2

Simple XML:com.squareup.retrofit2:converter-simplexml:2.0.2
```

（2）创建一个 JavaBean 数据模型，具体代码如下：

```
public class LocationModel {
    private String resultcode;
    private String reason;
    private Result result;
    private Integer errorCode;
}
public class Result {
```

```
    private String province;
    private String city;
    private String areacode;
    private String zip;
    private String company;
    private String card;
}
```

(3) 创建一个名为 LocationAPI 的 REST API 接口，具体代码如下：

```
public interface LocationAPI {
    // 指定 url 的时候一定是以 "/" 开始
    @GET("/mobile/get")
    public Call<LocationModel> getLocation(@Query("phone") String num,@Query("key")
                                                        String key);
}
```

(4) 创建 Retrofit 对象，并发起请求，具体代码如下：

```
Retrofit retrofit=new Retrofit.Builder().baseUrl(BASE_URL)
                    .addConverterFactory(GsonConverterFactory.create())
                    .build();
LocationAPI locationAPI=retrofit.create(LocationAPI.class); // 构建接口的实例
Call<LocationModel>call=locationAPI.getLocation("18607880755",
                            "daf8fa858c330b22e342c882bcbac622");
call.enqueue(new Callback<LocationModel>() { // 异步执行网络请求且可直接操作 UI 线程
    @Override
    public void onResponse(Call<LocationModel>call, Response<LocationModel>
    response){
        LocationModel body=response.body();
        tvOk.setText(body.getResult().getCity());
    }
    @Override
    public void onFailure(Call<LocationModel>call,Throwable t) {
        tvError.setText(t.toString());
    }
});
```

4.8 屏幕适配的热点问题

屏幕适配可以使 App 在不同设备上一展风采，让用户使用不同的设备体验相同的效果，作为一位有经验的 Android 开发者，屏幕适配是必须掌握的知识。下面针对 Android 开发中的屏幕适配问题进行详细讲解。

经典面试： 如何进行屏幕适配？

【答案说明】

由于 Android 系统的开放性，任何用户、开发者、OEM 厂商、运营商都可以对 Android 进行定制，修改成他们想要的样子。OpenSignalMaps 发布了第一份 Android 碎片化报告，2013 年，支持 Android 的设备共有 11 868 种。2014 年，支持 Android 的设备共有 18 796 种。为了让开发的程序能够比较美观的显示在不同尺寸、分辨率、像素密度的设备上，在日常开发中，针对不同机型以及不同情况使用到的屏幕适配方案有以下几种：

1. 套图适配

目前来说，套图适配是针对图片适配的最佳方式，可以防止图片的失真以及变形，但针对不同手机进行不同的套图适配，会对 UI 人员施加过大的工作压力，以及对 App 本身也会造成冗余的影响，我们都知道，图片资源会使 App 变得臃肿。

优点：完美适配，不会失真。

缺点：不易达到，App 臃肿。

2. 9patch 适配

9patch 图片作为特殊的 png 图片，可以在特定的情况下对不同机型进行适配，而达到图片不失真的情况。

优点：省精力、省时间、省内存、减少代码量。

缺点：不能完全适合所有图片的适配。

3. 布局适配

（1）使用权重适配，在布局比较有规律的页面中，我们可以多用权重，少用具体的 dp 值。在布局嵌套较多与较复杂的界面中，权重适配的效果不太大。

（2）尽量使用线性布局、相对布局和帧布局，由于绝对布局适配性极差，因此很少使用。

（3）对于纯色背景，尽量使用 Android 的 shape 自定义。

（4）开发中多使用 match_parent，少使用 fill_parent，避免日后被淘汰。

【答题技巧】

屏幕适配是目前 Android 开发中都会遇到的问题，面试时面试官会直接问你对屏幕适配如何看待。针对这个问题，首先要讲一下屏幕适配的原因，然后从机型、分辨率、适配方案等几个方面来回答，最后谈一下自己对屏幕适配的理解或想法以及未来发展的评估。

【问题扩展】

扩展：请简述屏幕的尺寸、屏幕分辨率以及屏幕像素密度。

针对不同的屏幕该如何适配这个问题，首先要了解屏幕尺寸、屏幕分辨率以及屏幕像素密度的概念：

（1）屏幕尺寸是指屏幕对角线的长度，单位是英寸。以手机为例，目前常见的屏幕尺寸有 4.2、5.0、5.5 等。

（2）屏幕分辨率是指某一单位上显示的像素点数，单位是 px，1px=1 个像素点。一般以纵向像素 × 横向像素，如 1960×1080。

（3）屏幕像素密度是指每英寸上的像素点数，单位是 dpi，即 "dot per inch" 的缩写。屏幕像素密度、屏幕尺寸、屏幕分辨率之间有一定的关联，在单一变化条件下，屏幕尺寸越小、分辨率越高，像素密度越大，反之越小。

与以上屏幕的几个属性相关的一些单位有 px、dp、dip、dpi 几种，下面详细介绍：

（1）px 即像素，一个像素则表明在屏幕上的一个点，一个显示单位。

（2）dp 和 dip 是一个意思，是 Density independent pixel 的缩写，全称是密度无关像素，在 Android 中规定以 160dpi 为基准，1dip=1px，如果密度是 320dpi，则 1dip=2px，依此类推。

（3）dpi（dots per inch，每英寸像素数）表示对角线的像素值（$=\sqrt{长^2+宽^2}$），我们以 WVGA（800×480）分辨率、3.7 英寸的密度为例，dpi=933/3.7=252，即此时机型的 dpi 为 252。

4.9　程序打包的热点问题

在项目准备上线时，都会遇到程序打包的问题，例如如何进行代码混淆、如何加固 APK、如何使 APK "瘦身"、如何进行多渠道打包等，在面试中这些问题都有可能会被问到。下面针对这些问题进行详细讲解。

■ 经典面试 1: 数字签名有几种模式?

【答案说明】

Android 中的数据签名是由程序开发者完成的，并不需要权威的数字证书签名机构认证，它只是用来让应用程序包自我认证的。在 Android 系统中，要求每一个应用程序都必须要有数字签名才能安装到系统中。也就是说，如果一个 Android 应用程序没有数字签名，是没有办法安装到系统中的。通过数字签名来标识应用程序作者与应用程序之间建立的信任关系。

我们都知道 Android 系统不会安装运行任何一款未经数字签名的 APK 程序，无论是在模拟器上还是在实际的物理设备上。所以我们会有一个疑问，为何在日常开发过程中没有进行任何签名的操作，程序都会在模拟器和真机上运行? 实际上，这种运行是在调试模式的基础上完成的。下面重点讲解 APK 程序的两种签名方式，一种是调试模式 (debug mode)，一种是发布模式 (release mode)。

1. 调试模式 (debug mode)

在调试模式下，ADT 会自动使用 Debug 密钥为应用程序签名，因此我们可以直接运行程序。但是 Debug 签名存在两个风险:

（1）Debug 签名的应用程序不能在 Android Market 上销售，它会强制你使用自己的签名。

（2）debug.keystore 在不同的机器上所生成的可能都不一样，就意味着如果你换了机器进行 APK 版本升级，将会出现程序不能覆盖安装的问题。一定不要小视这个问题，如果开发的程序只有自己使用，卸载再安装即可。但如果软件有很多使用客户，这就相当于软件不具备升级功能，所以一定要有自己的数字证书来签名。

2. 发布模式（release mode）

要发布程序时，开发者就需要使用自己的数字证书给 APK 包签名。使用自己的数字证书给 APK 签名的方法有两种：

（1）通过 DOS 命令来对 APK 签名。

（2）使用 ADT Export Wizard 进行签名。

需要注意的是，数字证书是有有效期的，Android 只是在应用程序安装时才会检查证书的有效期。如果程序已经安装在系统中，即使证书过期也不会影响程序的正常功能。

 【问题扩展】

扩展：使用相同的数字证书有几点好处？

1. 有利于程序升级

当新版程序和旧版程序的数字证书相同时，Android 系统才会认为这两个程序是同一个程序的不同版本。如果新版程序和旧版程序的数字证书不相同，则 Android 系统认为他们是不同的程序，并产生冲突，会要求新程序更改包名。

2. 有利于程序的模块化设计和开发

Android 系统允许拥有同一个数字签名的程序运行在一个进程中，Android 程序会将他们视为同一个程序。所以开发者可以将自己的程序分模块开发，而用户只需要在需要时下载适当的模块即可。

3. 可以通过权限的方式在多个程序间共享数据和代码

Android 提供了基于数字证书的权限赋予机制，应用程序可以和其他程序共享该功能或者数据给那些与自己拥有相同数字证书的程序。如果某个权限（permission）的 protectionLevel 是 signature，则这个权限就只能授予那些跟该权限所在的包拥有同一个数字证书的程序。

经典面试 2：如何使用 Android Studio 进行多渠道打包？

【答案说明】

在 Android 开发中，有的公司需要进行多渠道打包，通过多次修改清单文件的配置来打包太麻烦，下面介绍一种比较简便的方法。使用 Android Studio 提供的多渠道打包方法。具体步骤如下：

1．在 AndroidManifest.xml 中设置动态渠道变量

```
<meta-data
    android:name="UMENG_CHANNEL"
    android:value="${UMENG_CHANNEL_VALUE}" />
```

2．在 build.gradle 中设置 productFlavors

productFlavors 定义的是产品特性，配合 manifest merger 使用可在一次编译过程中产生多个具有独特配置的版本。这个配置是为每个渠道包产生不同的 UMENG_CHANNEL_VALUE 值。假定需要打包的渠道为酷安市场、360、小米、百度、豌豆荚，具体代码如下：

```
android {
    productFlavors {
        kuan {
            manifestPlaceholders=[UMENG_CHANNEL_VALUE: "kuan"]
        }
        xiaomi {
            manifestPlaceholders=[UMENG_CHANNEL_VALUE: "xiaomi"]
        }
        qh360 {
            manifestPlaceholders=[UMENG_CHANNEL_VALUE: "qh360"]
        }
        baidu {
            manifestPlaceholders=[UMENG_CHANNEL_VALUE: "baidu"]
        }
        wandoujia {
            manifestPlaceholders=[UMENG_CHANNEL_VALUE: "wandoujia"]
        }
    }
}
```

或者批量修改

```
android {
    productFlavors {
        kuan {}
        xiaomi {}
        qh360 {}
        baidu {}
        wandoujia {}
```

```
    }
    productFlavors.all {
        flavor -> flavor.manifestPlaceholders=[UMENG_CHANNEL_VALUE: name]
    }
}
```

3. 执行打包操作

在 Android Studio 菜单栏点击 Build → Generate signed APK → key 命令，并输入密码，如图 4-6 所示。

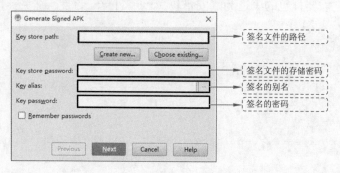

图 4-6　选择 Key 命令

图 4-6 中，当点击 Create new 按钮时，则是创建一个新的签名，此时 Key store password 所对应的输入框不需要输入信息，只需要对 Key alias 与 Key password 所对应的输入框输入信息即可。当点击 Choose existing 按钮时，则是选择一个已有的签名，此时下方的 Key alias 与 Key password 所对应的输入框可不用输入信息。

下一步，选择打包渠道，如图 4-7 所示。

点击"完成"按钮，生成多渠道的 APK 包，如图 4-8 所示。

build	2016/6/23 11:53	文件夹	
libs	2016/6/14 10:48	文件夹	
src	2016/6/14 10:48	文件夹	
.gitignore	2016/6/14 10:48	文本文档	1 KB
app.iml	2016/6/27 15:32	IML 文件	14 KB
app-baidu-release.apk	2016/6/27 15:57	apk file	1,208 KB
app-kuan-release.apk	2016/6/27 15:57	apk file	1,208 KB
app-qh360-release.apk	2016/6/27 15:57	apk file	1,208 KB
app-wandoujia-release.apk	2016/6/27 15:57	apk file	1,208 KB
app-xiaomi-release.apk	2016/6/27 15:57	apk file	1,208 KB
build.gradle	2016/6/27 15:32	GRADLE 文件	1 KB
proguard-rules.pro	2016/6/14 10:48	PRO 文件	1 KB

图 4-7　选择打包渠道　　　　　　　　图 4-8　多渠道的 APK 包

■ **经典面试3:** 什么是代码混淆?

【答案说明】

混淆就是对发布出去的程序进行重新组织和处理,使得处理后的代码与处理前的代码完成相同的功能,而混淆后的代码很难被反编译,即使反编译成功也很难得出程序的真正语义。被混淆过的程序代码,仍然遵照原来的档案格式和指令集,执行结果也与混淆前一样,只是混淆器将代码中的所有变量、函数、类的名称变为简短的英文字母代号,在缺乏相应的函数名和程序注释的情况下,即使被反编译,也将难以阅读。同时混淆是不可逆的,在混淆的过程中一些不影响正常运行的信息将永久丢失,这些信息的丢失使程序变得更加难以理解。

混淆器的作用不仅仅是保护代码,它也有精简编译后程序大小的作用。由于以上介绍的缩短变量和函数名以及丢失部分信息的原因,编译后 jar 文件体积大约能减少 25%,这对当前费用较贵的无线网络传输是有一定意义的。

■ **经典面试4:** 如何进行代码混淆?

【答案说明】

Java是一种跨平台的、解释型语言,Java源代码编译成中间字节码存储于class文件中。由于跨平台的需要,Java 字节码中包括了很多源代码信息,如变量名、方法名,并且通过这些名称来访问变量和方法,这些符号带有许多语义信息,很容易被反编译成 Java 源代码。为了防止这种现象,我们可以使用 Java 混淆器对 Java 字节码进行混淆。

使用 Java 混淆器对 Java 字节码进行混淆具体步骤如下:

(1)在 Android 项目的根目录下创建一个 proguard.cfg 文件,用来配置混淆选项。

(2)在 Android.mk 中每个 package 类型的 LOCAL_MODULE 中的 LOCAL_PACKAGE_NAME 下面添加两行代码:

```
# 指定当前的应用打开混淆
LOCAL_PROGUARD_ENABLED:=full
# 指定混淆配置文件
LOCAL_PROGUARD_FLAG_FILES:=proguard.cfg
```

（3）编译时设置环境变量使用 . ./setenv.sh -bv user。

（4）如果在项目中使用了第三方的 SDK，则在混淆代码时需要按照第三方 SDK 的要求来做。

需要注意的是，在实际工作中也可以用第三方的混淆，如利用 360 加固助手或者爱加密来进行代码混淆，这里不作具体介绍，有需要的可以直接到 360 或者爱加密官网查看具体使用步骤。

【答题技巧】

这个问题主要考察面试者对代码混淆的理解，针对此问题，面试者首先给面试官讲解混淆代码的原理，接着介绍如何利用 Java 混淆器混淆代码。如果了解第三方的 360 加固助手或者爱加密来混淆代码，也可详细讲解第三方 SDK 混淆代码的步骤。

【问题扩展】

扩展：请你简述不同 SDK 版本的两种代码混淆方式。

根据 SDK 的版本不同有两种不同的代码混淆方式，在高版本的 SDK 下混淆的原理和参数也与低版本的相差无几，只是在不同 SDK 版本的环境下引入混淆脚本的方式有所不同。

低版本 SDK 下，项目中同时包含 proguard.cfg 和 project.properties 文件，只需要在 project.properties 文件末尾添加 proguard.config=proguard.cfg 再将项目 Export 即可。

高版本 SDK 下，项目中同时包含 proguard-project.txt 和 project.properties 文件，这时需要在 proguard-project.txt 文件中进行如下的信息配置，然后再将项目 Export 即可。下面以真实的文件进行说明：

```
# Project target.
target=android-18
```

以上的配置信息即是 project.properties 文件中的内容，如果想保留某个包下的文件不被混淆，可以在 proguard-project.txt 文件中加入保留对应包名的语句：

```
# Add any project specific keep options here:
-dontwarn com.cnki.android.cnkireader.**
-keep class com.cnki.android.cnkireader.** { *; }
```

经典面试 5: 如何加固 APK？

【答案说明】

Android 中的反编译工具越来越被众人熟悉，当我们开发出一个 APK 时，会立即被别人反编译而看到程序的核心代码。虽然混淆做到 Native 层，但是这个治标不治本。为了让 APK 加上一层坚固的壳，一般使用 360 与爱加密加固 APK。下面详细介绍这两种方式加固 APK 的流程：

1. 360 加固 APK 流程

（1）上传 APK 文件。在 360 加固界面，点击"应用加固"按钮，上传开发者研发的 APK 文件。上传前需要对 APK 进行签名，否则无法加固。

（2）选择加固服务。360 加固为开发者提供加固基础服务和增强服务，开发者根据需求选择增强服务，勾选后，再选择上传的 APK 签名为正式签名或者测试签名，完成后，点击"开始加固"按钮进行加固。

（3）下载应用并签名。下载应用后，需要对该 APK 进行再次签名，且保证与加固前的签名一致，否则加固后的应用无法在手机上运行。用多渠道打包的应用，需要加固成功后，再进行多渠道打包。

2. 爱加密加固 APK 流程

（1）登录爱加密官网成功后，进入个人中心，点击"提交加密"按钮，上传需要进行安全加固的 App 文件，只需要提供 APK 原包即可，不需要提供源代码。爱加密对 Android App 安全加固方案提供有安全审核加密、全自动加密服务、云加密（API 自动加密接口）、PC 加密工具、本地加密系统和独家 so 文件本地加密工具 6 种加密方式可选。

（2）点击"选择文件"按钮，选择需要进行 Android App 安全加固的文件，然后进行上传。

（3）Android App 上传成功后，点击"提交加密"按钮进行安全加固。

（4）提交加密成功后，就可以在个人中心的"加密记录"中看到 App 文件的状态、大小、版本等信息，并且会有邮件提示加密已成功。

（5）以上操作完成后，刷新个人中心，接着加密记录会显示加密已完成。加固完成后，直接下载加密后的 App 包即可。这样即完成对 Android App 应用的安全加固（爱加密提供有渠道监测服务，需要此项服务的可以点击"申请监测"按钮）。

（6）加固完成后需要重新签名，Android App 文件加固前后签名必须保持一致。

■ 经典面试6：如何实现 APK"瘦身"？

【答案说明】

APK 在安装和更新之前都需要经过网络将其下载到手机或其他设备，APK 越大消耗的流量就会越多。同时，一些第三方应用商城也会对上传的 APK 大小有限制，因此为了让产品能够更受商城和用户的欢迎，APK 瘦身是第一步，更小的 APK 标识着更多的用户愿意去下载和体验。

APK 的辅助分析工具是 NimbleDroid，NimbleDroid 是美国哥伦比亚大学的博士创业团队研发出来的分析 Android App 性能指标的系统，通过这个系统能够得知 App 内存使用，网络使用，磁盘输入/输出，文件大小等一些 NimbleDroid 认为至关重要的数据。

APK 瘦身的几种方式如下：

（1）开启混淆，删除无用的 Java 文件。开启 minifyEnabled（开启混淆，删除无用的 Java 文件），可减小项目中 APK 文件的大小，具体代码如下：

```
buildTypes {
    debug {
        minifyEnabled true
        proguardFiles getDefaultProguardFile('proguard-android.txt'),
                                          'proguard-rules.pro'
    }
}
```

（2）去除无用资源，同时去除工程中临时展示的图片。开启 shrinkResources（去除无用资源），同时去除工程中临时展示的图片可减小 APK 文件的大小，具体代码如下：

```
debug {
    minifyEnabled true
    shrinkResources true
    proguardFiles getDefaultProguardFile('proguard-android.txt'), 'proguard.cfg'
}
```

（3）删除无用的语言资源。删除无用的语言资源可减小 APK 文件的大小，具体代码如下：

```
defaultConfig {
    …
    resConfigs "zh"
    …
}
```

（4）使用 TinyPNG 有损压缩。TinyPNG 是一种智能有损压缩技术（通过降低图片中的颜色数量，来减少存储图片所需的数据）来降低 PNG 图片的大小。这样的压缩对图片的效果影响是很小的，但是可大大降低图片的大小，并且还能保持 PNG 的透明度。

由于 TinyPNG 将 PNG 图片压缩成 8 位的，因此它的压缩比例非常高，至少有 50% 以上的压缩比例，有些甚至可达到 70%，并且压缩之后的图片和原图人眼基本看不出区别。

（5）PNG 图片换成 JPG 图片。对于非透明的大图，JPG 将会比 PNG 的图片大小有显著的优势，在启动页、活动页等之类的大图展示区采用 JPG 将是非常明智的选择，这样可减小 APK 文件的大小。

（6）使用 webp 格式。从 Android 4.0+ 开始原生支持，但是不支持包含透明度的 webp，直到 Android 4.2.1+ 才支持显示含透明度的 webp，使用时要特别注意使用格式工厂进行转换。

（7）删除或者替换兼容包 (v4 、v7、 v13) 中无用的一些图。删除 drawable-LDRTL（layout-direction-right-to-left 的缩写），意味着布局方式从右到左，主要是为了适配阿拉伯语用。这应该是 API17，即 Android 4.2 上新出的功能。

可以使用 1×1 像素的图片来替换 v4、v7、v13 中的一些图片资源。

（8）注意删除第三方库中使用的大图

（9）so 库的删除。建议实际工作的配置只保留 armeabi、x86 文件夹下的 so 文件。

（10）通过 v4 包中的 Drawable Compat，通过着色方案完成 selector 效果。通过 v4 包中的 DrawableCompat，通过着色方案完成 selector 效果，具体代码如下：

```
Drawable icon=getResources().getDrawable(drawableId)
Drawable tintIcon=DrawableCompat.wrap(icon);
// 着色一个 selector
DrawableCompat.setTintList(tintIcon,
                    getResources().getColorStateList(R.color.xx));
```